CNC-Crashkurs Heidenhain

Autor: Volker Knipping
Titelbild: Dr. JOHANNES HEIDENHAIN GmbH, Traunreut

Bestell-Nr. 101575
978-3-95863-332-2

1. Auflage 2022

Inhaltsverzeichnis

Vorwort

Das vorliegende Buch dient dazu die Bedienung von HEIDENHAIN-TNC-Steuerungen und Grundlagen der HEIDENHAIN-Klartext-Programmierung zu erlernen. Das Buch wendet sich bewusst an Einsteiger und Anfänger in der Programmierung von HEIDENHAIN-TNC-Frässteuerungen. CNC-Grundkenntnisse werden jedoch vorausgesetzt.

Die geometrischen und technologischen Informationen die eine CNC-Fräsmaschine benötigt, sind grundsätzlich immer dieselben. Der Code, mit dem man diese Informationen der Maschine mitteilt, letztendlich also die Programmiersprache, kann dagegen recht unterschiedlich sein. Die meisten Steuerungen basieren auf G-Code-Programmierung nach DIN 66025. HEIDENHAIN benutzt hingegen den eigenen KLARTEXT-Code, der, wie es der Name schon sagt, im Klartext formuliert ist und somit wesentlich leichter erlernbar und programmierbar ist. Ergänzt wird der Klartext durch eine Fülle von weitgehend selbsterklärenden und intuitiv programmierbaren Bearbeitungszyklen. Der Vollständigkeit halber sei gesagt, dass HEIDENHAIN-TNC-Steuerungen auch im G-Code programmiert werden können. Dies wird aber nicht Inhalt des Buches sein.

Das Buch ist als schneller und einfacher Einstieg in die KLARTEXT-Programmierung gedacht. Obwohl es nur einen kleinen Teil der Möglichkeiten von HEIDENHAIN-TNC-Steuerungen abbildet, werden Sie nach Durcharbeitung des Buches enorm viele Aufgabenstellungen in der 3-Achs-Fräsbearbeitung lösen können.
Dieses Werk ist nicht nur ein Lehrbuch, sondern ebenso ein Praxisworkshop, in welchem Sie das Erlernte direkt in die Programmierpraxis umsetzen sollen. Hierzu dient die original HEIDENHAIN-Programmierplatz-Software, die Sie auf der Internetseite
www.klartext-portal.de/de_DE/pc-software/programmierplatz
als kostenfreie Demo-Version herunterladen können. Diese Version ist zeitlich nicht beschränkt und verfügt über die volle Funktionalität. Als Einschränkung sind in der Demo-Version lediglich maximal 100 Sätze programmierbar, die wir in diesem Lehrgang knapp unterschreiten werden.

Das Buch basiert auf dem TNC 640 Softwarestand 340595-11-SP04.

Der Programmierplatz ist ein identisches Abbild der Originalsteuerung. Somit ist ein Training unter realen Bedingungen möglich. Am Programmierplatz erstellte Programme können auch zur Maschine übertragen werden und sind dort lauffähig. Lediglich spezielle Funktionen der Maschinenhersteller können nicht abgebildet werden.
Die in diesem Buch verwendeten technologischen Schnittdaten sind lediglich als Beispiel zu verstehen und müssten in der Realität der verwendeten Kombination von Werkstoff und Werkzeug angepasst werden.

Auf der Internetseite **www.klartext-portal.de/de_DE/mediathek/handbuecher** finden Sie auch die Handbücher zur Steuerung zum kostenlosen Download im PDF-Format.

Ich danke der Dr. Johannes HEIDENHAIN GmbH in Traunreut für die Unterstützung.

Volker Knipping

1 Download und Installation des HEIDENHAIN-Programmierplatzes

Das vorliegende Buch ist eine Kombination aus Lehrbuch und Workshop, aus Theorie und Praxis. Wenn Sie Fußball nur aus einem Lehrbuch lernen, werden Sie nie ein Tor schießen, es sei denn, Sie gehen auf den Platz und treten vor den Ball. Gleiches gilt auch für die CNC-Technik.

Aus diesem Grund stellt Ihnen die Dr. Johannes HEIDENHAIN kostenlose Programmierplätze passend zu Ihrer TNC-Steuerung zur Verfügung. Sie finden die Programmierplätze zum Download auf

www.klartext-portal.de.

Zur Erstellung dieses Buches wurde der Programmierplatz für die TNC 640 Softwarestand 340595-11-SP04 verwendet.

An gleicher Stelle finden Sie auch ein Webinar zum „Arbeiten mit dem Programmierplatz auf Oracle Virtual Box“, in welchem der das Arbeiten mit dem Programmierplatz beschrieben werden.

Arbeiten mit dem Programmierplatz auf Oracle Virtual Box

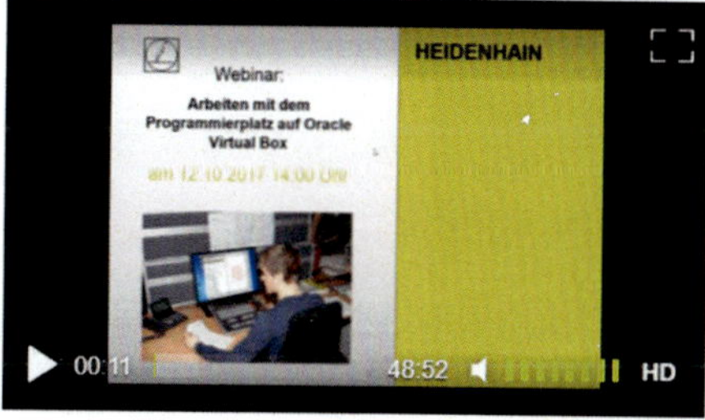

Bevor Sie mit dem Buch weiterarbeiten, schauen Sie sich bitte das Webinar an, laden die Programmierplatzsoftware herunter und installieren diese.

2 Zielsetzung des Buches

Nach dem Durcharbeiten dieses Buches werden Sie in der Lage sein, die meisten Aufgabenstellungen, die das 3-achsige Fräsen bietet, selbstständig lösen und programmieren zu können. Es handelt sich hier aber nicht um einen vollständigen HEIDENHAIN-Basiskurs. Daher werden nicht alle verfügbaren Befehle und Zyklen besprochen werden. Dies würde den Rahmen dieses Buches sprengen. Sie lernen jedoch genügend Funktionen kennen, um zum einen viele Herausforderungen des Fräsalltags selbstständig lösen zu können und zum anderen, um eine sehr gute Ausgangsbasis für weiterführende Themen zu haben. Sie werden schnell feststellen, dass die intuitive Art der KLARTEXT-Programmierung, insbesondere bei den Bearbeitungszyklen dazu führen wird, dass Sie sich auch nicht besprochene Zyklen schnell selbst aneignen können.

In diesem Buch werden wir schrittweise folgendes Werkstück programmieren:

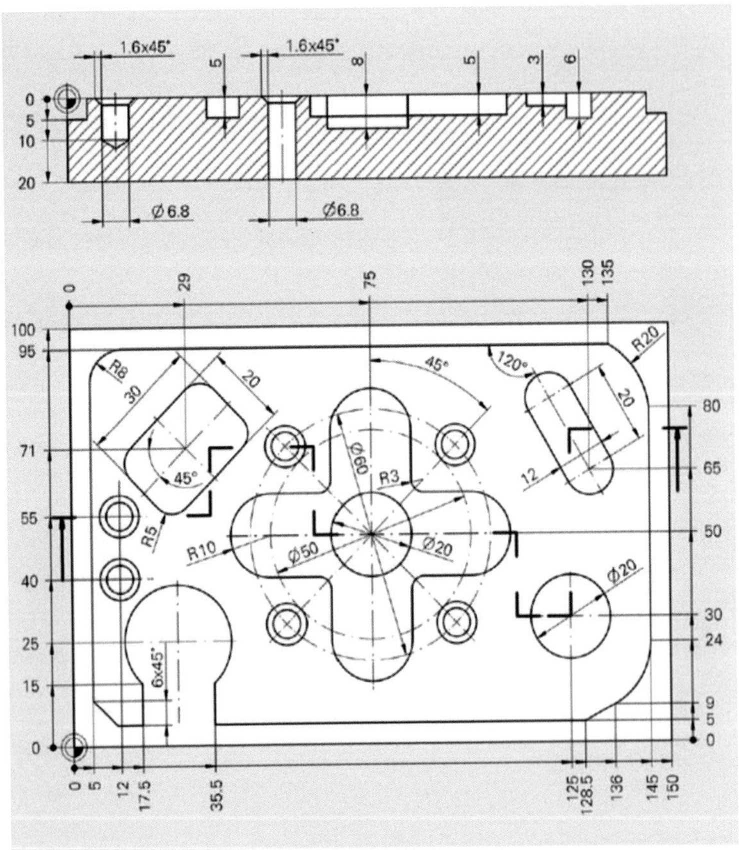

3 Starten des Programmierplatzes

Klicken Sie auf die Schaltfläche

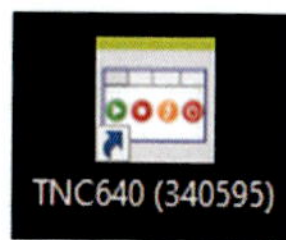

auf Ihrem Desktop.

Es erscheint folgender Bildschirm:

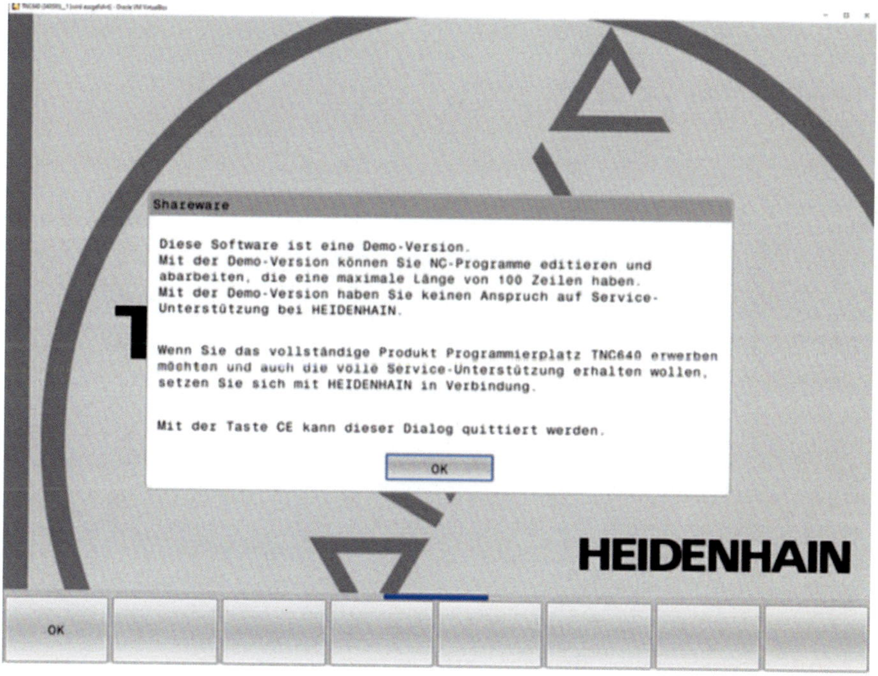

Shareware

Diese Software ist eine Demo-Version.
Mit der Demo-Version können Sie NC-Programme editieren und abarbeiten, die eine maximale Länge von 100 Zeilen haben.
Mit der Demo-Version haben Sie keinen Anspruch auf Service-Unterstützung bei HEIDENHAIN.

Wenn Sie das vollständige Produkt Programmierplatz TNC640 erwerben möchten und auch die volle Service-Unterstützung erhalten wollen, setzen Sie sich mit HEIDENHAIN in Verbindung.

Mit der Taste CE kann dieser Dialog quittiert werden.

OK

HEIDENHAIN

OK

Den Hinweis zur Demo-Version können Sie entweder über die Schaltfläche OK oder, wie im Text der Meldung beschrieben, über die Taste CE ausblenden, wenn bereits eine virtuelle Tastatur eingeblendet sein sollte.

Sollte keine Tastatur eingeblendet sein, gehen Sie folgendermaßen vor:

Klicken Sie in der Windows-Taskleiste auf dieses Symbol .

Nun öffnet sich das Control-Panel:

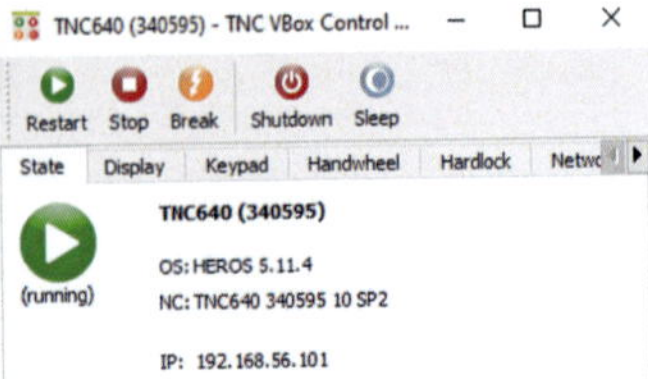

Schalten Sie das Control-Panel um auf „Keypad“:

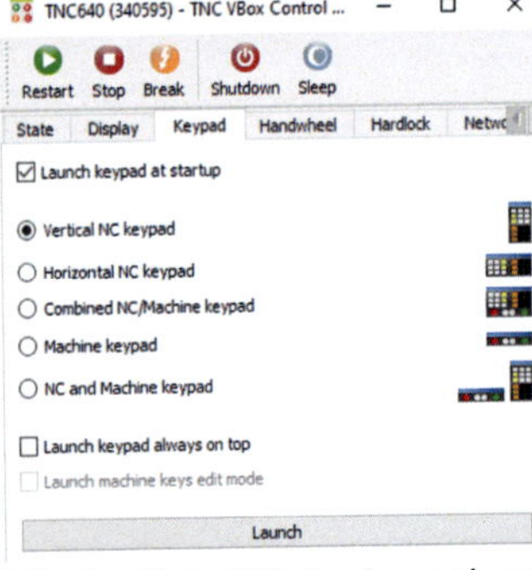

Mit der Schaltfläche Launch am unteren Rand blenden Sie nun die Tastatur ein.

Wenn Sie einen Haken in das Feld „Launch keypad at startup“ setzen, wird die Tastatur zukünftig bei jedem Start des Programmierplatzes automatisch mitgestartet.

Sie können hier ebenso einstellen, ob die Tastatur senkrecht, oder waagerecht, mit, oder ohne Maschinentastatur eingeblendet wird. Wählen Sie hier einfach die Einstellung, die zu Ihrer Bildschirmauflösung, Ihrer Monitorgröße und auch zu Ihrem Geschmack am besten passt.

Um den gesamten Programmierplatz passend zu Ihrer Bildschirmauflösung einzustellen, schalten das Control-Panel auf „Display“ um und probieren Sie die Möglichkeiten aus.

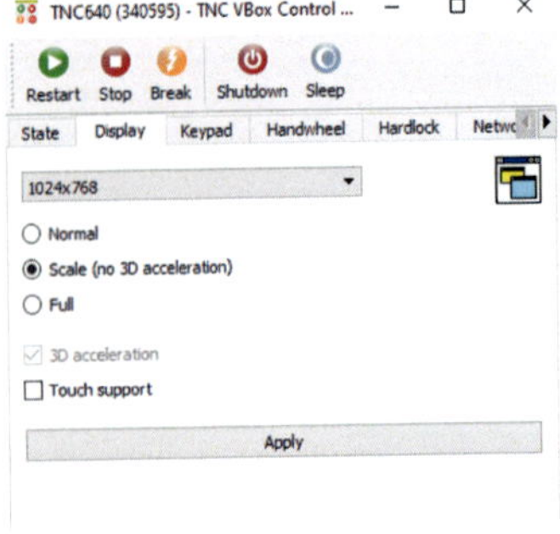

Mit der Einstellung „Scale“ können Sie sich den Programmierplatz mit der Maus auf die passende Größe ziehen.

Nachdem Sie den Hinweis zur Demo-Version quittiert haben, erscheint die Meldung „Strom-Unterbrechung“:

Diese Meldung erscheint auch beim Start jeder Werkzeugmaschine mit TNC Steuerung und beschreibt den letzten Zustand der Maschine, der nach dem Abschalten anlag.

Quittieren Sie diese Meldung mit der Taste CE.

4 Aufbau des Bildschirms

Nachdem die Steuerung nun vollständig hochgefahren ist, erscheint folgendes Bild:

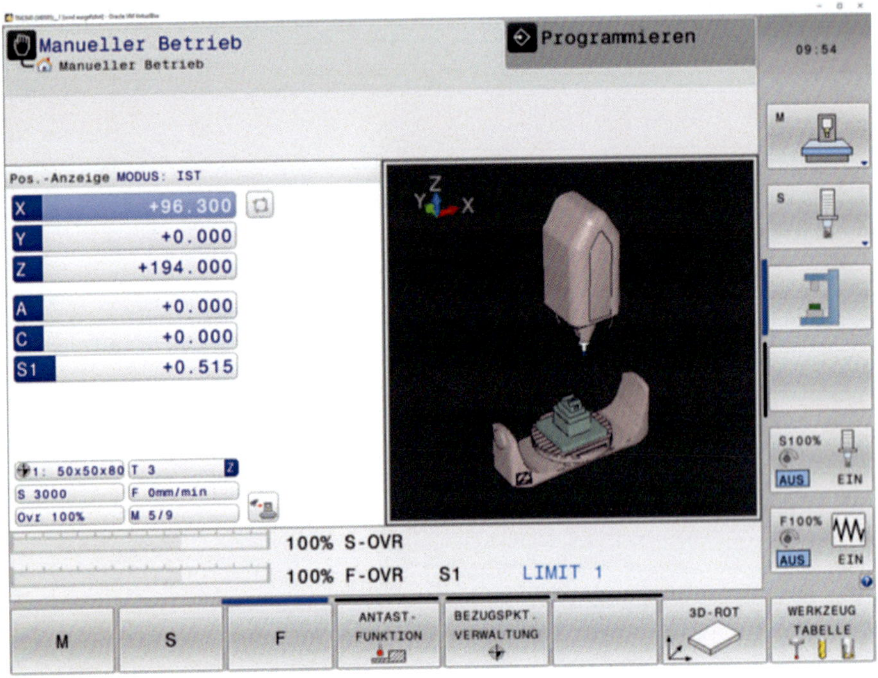

Im Folgenden wird nun der Grundaufbau der Anzeige erläutert.

Diese setzt sich aus den nachfolgenden Teilelementen zusammen:

– Anzeige der aktuellen Betriebsarten

Auf der Steuerung sind immer zwei Betriebsarten parallel geöffnet. Eine Maschinenbetriebsart, die auf der linken Seite angezeigt wird (hier „Manueller Betrieb“) und eine Programmierbetriebsart, die auf der rechten Seite angezeigt wird (hier „Programmieren“). Das hellgraue bzw. größere Feld zeigt an, welche dieser Betriebsarten aktuell zu sehen ist (hier „Manueller Betrieb“).

Mit der Taste  können Sie zwischen diesen Anzeigen hin- und herschalten. Dies können Sie ebenso mit den Betriebsartentasten tun, die später noch vorgestellt werden.

– Positions-Anzeige und wählbare Zusatzinfos

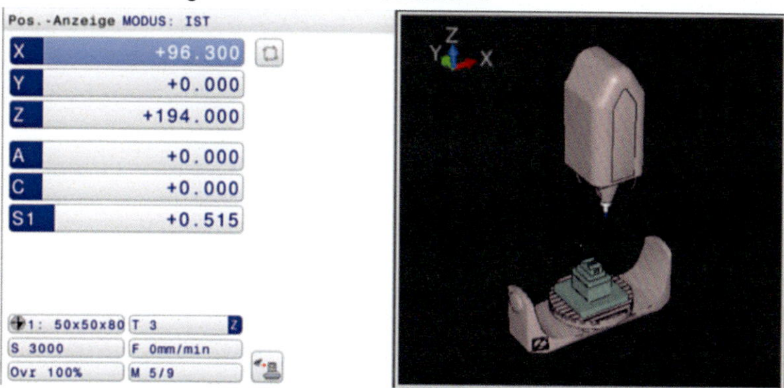

Dieses Fenster ist konfigurierbar. Es zeigt immer die Positions-Anzeige an und eine wählbare, zusätzliche Information (hier: „Maschine“). Die gewünschte Anzeige wählen Sie über die Taste und die anschließend am unteren Bildrand erscheinenden Softkeys:

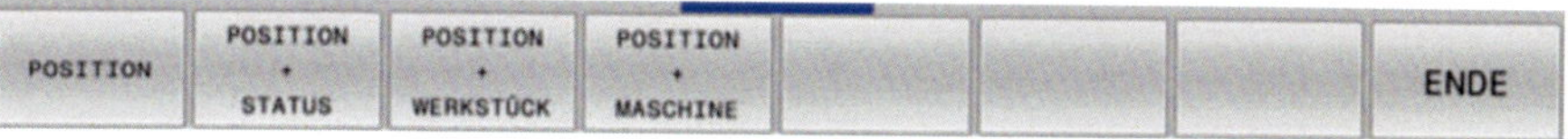

Probieren Sie die unterschiedlichen Konfigurationen am Programmierplatz aus.

Im Weiteren wird die Kombination POSITION + STATUS erläutert, da sie im Regelfall über den höchsten Informationsgehalt verfügt.

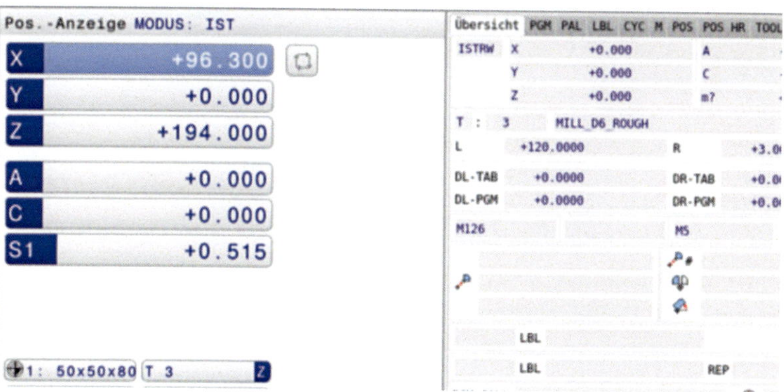

Auf der linken Seite sehen wir die Positions-Anzeige 1 und auf der rechten Seite die Statusanzeige mit der Positions-Anzeige 2.

Schauen wir uns zunächst die linke Seite genauer an.

Dieses Bild zeigt uns die Positions-Anzeige 1:

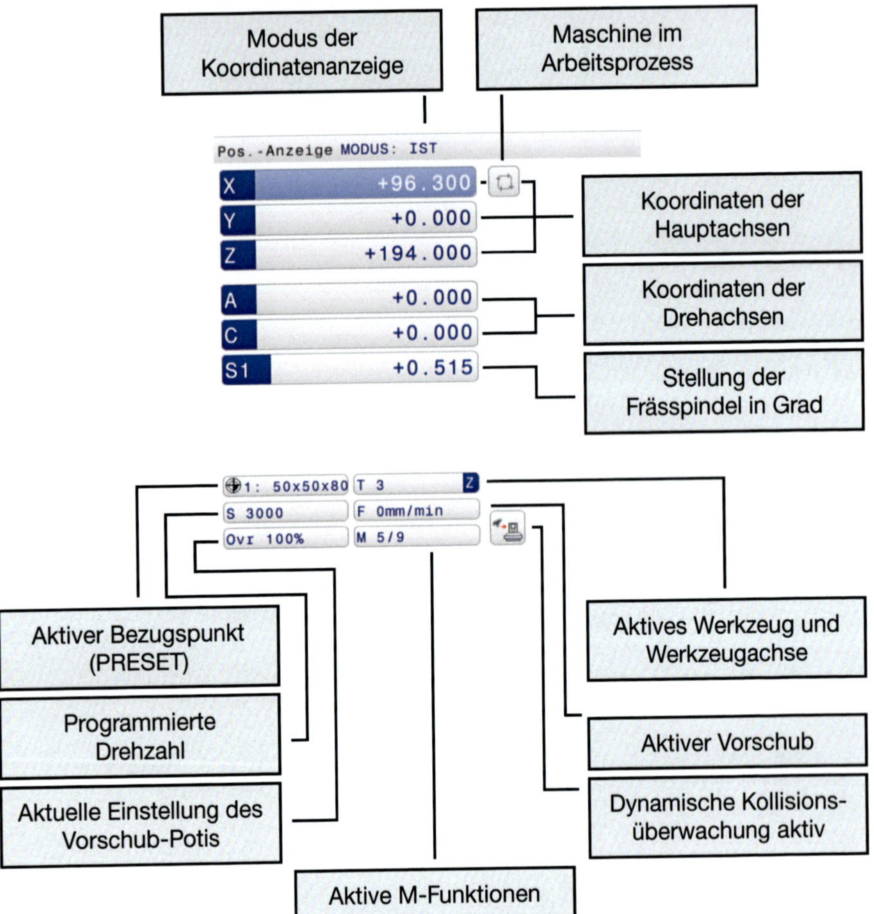

Ganz oben sehen wir, dass die Position-Aanzeige auf den MODUS: IST eingestellt ist. Dies bedeutet, dass sich die Koordinaten auf den aktiven Werkstücknullpunkt beziehen.

Darunter sehen wir die aktuellen Koordinaten in der X-, Y- und Z-Achse in mm.

S1 zeigt uns die aktuelle Winkelstellung in Grad unserer Frässpindel an.

Da der Programmierplatz in seiner Grundkonfiguration eine 5-Achs-Maschine darstellt, werden hier auch die Positionen in Grad der A- und C-Achse dargestellt. Da sich dieses Werk auf die reine 3-Achs-Programmierung bezieht, brauchen wir diesen beiden Achsen im Sinne des Lehrgangs keine Beachtung zu schenken. Der Programmierplatz ist aber auf unterschiedliche Maschinenkinematiken umschaltbar.

4.1 Programmierplatz auf 3-Achs-Maschine umstellen

Drücken Sie die Taste MOD . Es öffnet sich folgendes Überblendfenster:

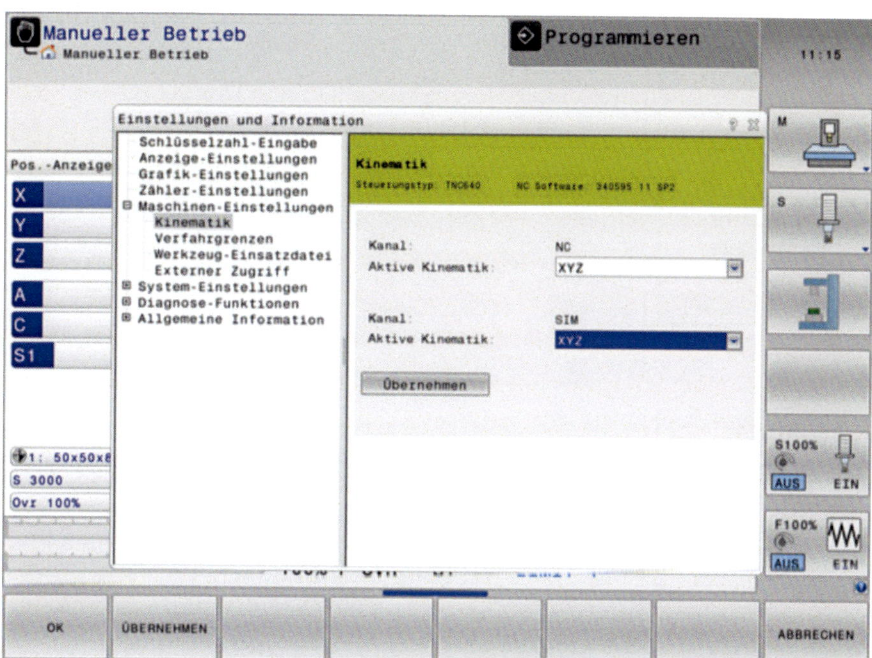

Wählen Sie im linken Fenster den Menüpunkt „Maschinen-Einstellungen“ und dann „Kinematik“ und stellen Sie im rechten Fenster für beide Kanäle „XYZ“ ein. Drücken Sie zum Schluss die Schaltfläche „Übernehmen“ und dann den Softkey „OK“.

Kommen wir nun zur rechten Seite.

Dieses Bild zeigt uns die Status-Anzeige.

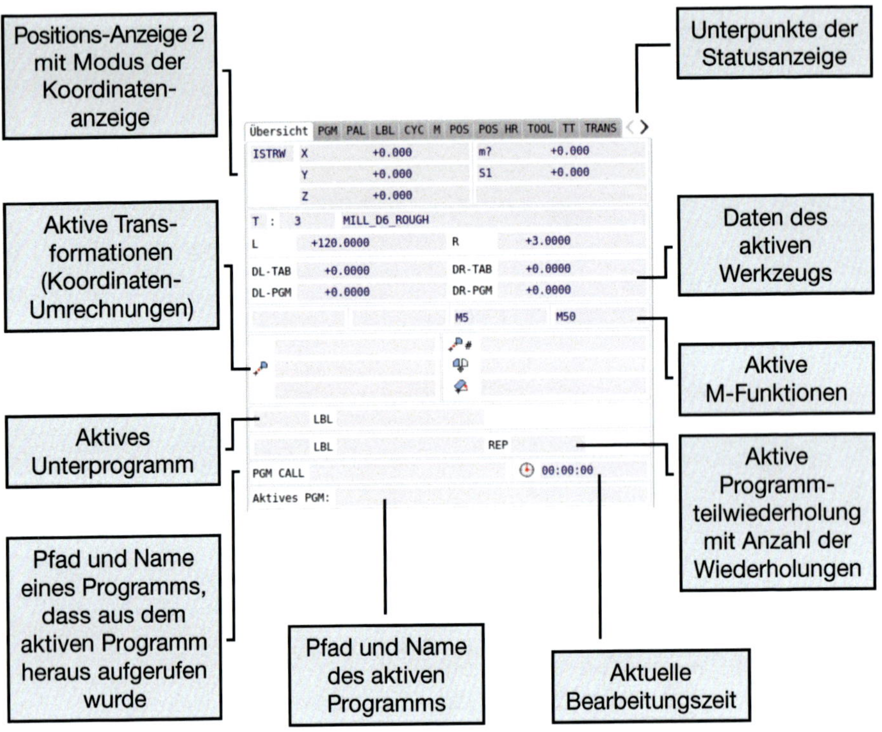

Die Status-Anzeige hat mehrere Unterpunkte, die wie Karteikarten-Reiter erscheinen. Die wichtigsten Punkte sind auf der Karteikarte „Übersicht“ abgebildet. Im Rahmen dieses Buches beschränken wir uns hierauf.

Positions-Anzeige 2:

ISTRW	X	+0.000	m?	+0.000
	Y	+0.000	S1	+0.000
	Z	+0.000		

Links sehen wir, dass die Positions-Anzeige auf den MODUS: ISTRW eingestellt ist. Dies bedeutet, dass der Restweg von der aktuellen Position hin zum programmierten Punkt in allen Achsen angezeigt wird. Über diese Anzeige lassen sich frühzeitig mögliche Kollisionen erkennen. Die Positions-Anzeigen 1 und 2 lassen sich konfigurieren. Wie das geht, sehen wir im Anschluss an die Übersicht der Status-Anzeige.

Daten des aktiven Werkzeugs:

T :	3	MILL_D6_ROUGH	
L	+120.0000	R	+3.0000
DL-TAB	+0.0000	DR-TAB	+0.0000
DL-PGM	+0.0000	DR-PGM	+0.0000

T = Werkzeug-Nummer und Werkzeugname

L = Länge des Werkzeugs in mm

R = Werkzeugradius in mm

DL-TAB = Werkzeugverschleißkorrektur/Aufmaß in der Länge aus Werkzeugtabelle

DL-PGM = Werkzeugverschleißkorrektur/Aufmaß in der Länge aus Werkzeugaufruf im Programm

DR-TAB = Werkzeugverschleißkorrektur/Aufmaß im Radius aus Werkzeugtabelle

DR-PGM = Werkzeugverschleißkorrektur/Aufmaß im Radius aus Werkzeugaufruf im Programm

Aktive Transformationen (Koordinatenumrechnungen):

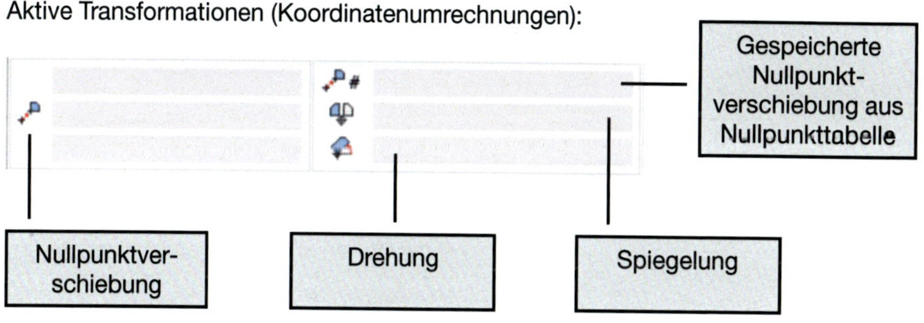

Aktive Unterprogrammaufrufe und Programmteilwiederholungen mit Anzeige der Wiederholung:

In der oberen Zeile sehen wir, welches Unterprogramm (LBL=Label) gerade aktiv ist und in welcher Programmzeile der Unterprogrammaufruf steht (hier: Zeile 8, Unterprogrammname: Bearbeitung).

In der unteren Zeile sehen wir, welche Programmteilwiederholung (ebenfalls LBL) gerade aktiv ist, in welcher Programmzeile der Aufruf der Wiederholung steht und welche Wiederholung von welcher Gesamtzahl aktiv ist (hier: Aufruf des Label 1 in Zeile 14 und 6. von 10 Wiederholungen aktiv)

Konfiguration der Positions-Anzeigen 1 und 2:

Drücken Sie die Taste MOD . Es öffnet sich folgendes Überblendfenster:

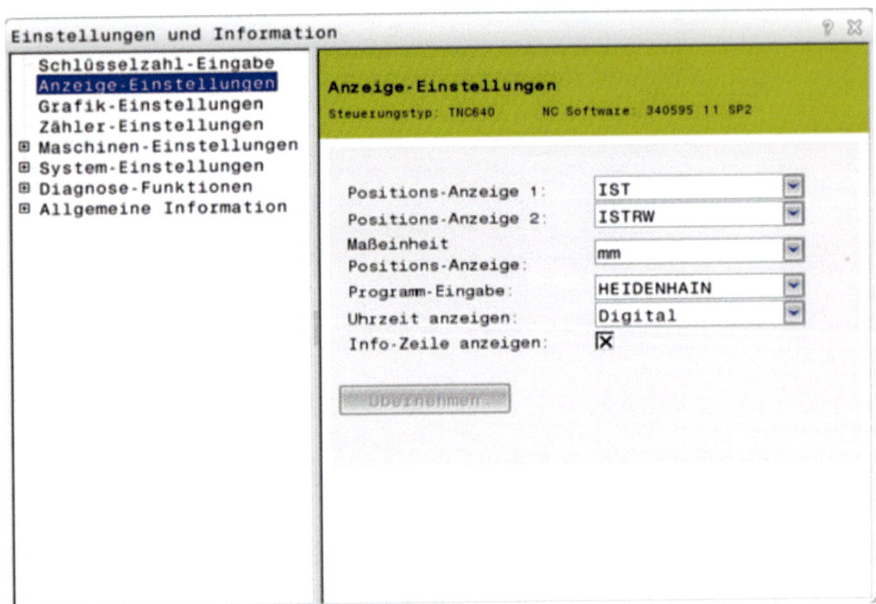

Wählen Sie im linken Fenster den Menüpunkt „Anzeige-Einstellungen".

Wenn Sie nun im rechten Fenster bei Positions-Anzeige auf den Pfeil klicken, erscheint folgendes Pull Down Menü:

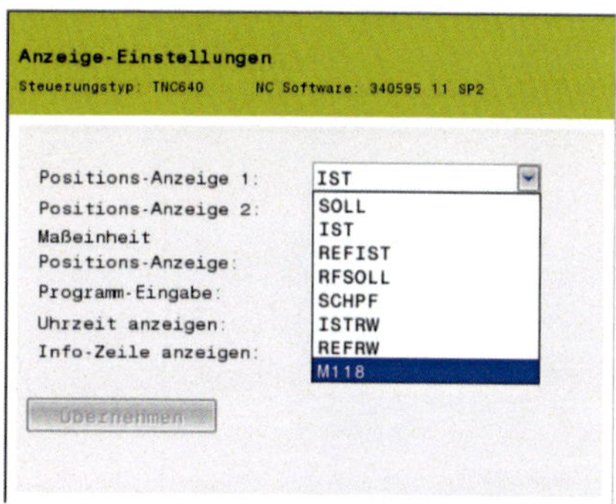

Nun können Sie aus folgenden Optionen wählen:

SOLL: programmierte Zielkoordinate

IST: aktuelle Position, bezogen auf den aktiven Werkstücknullpunkt

REFIST: aktuelle Position, bezogen auf den Maschinennullpunkt

REFSOLL: programmierte Zielkoordinate, bezogen auf den Maschinennullpunkt

SCHPF: Schleppfehler

ISTRW: Restweg von aktueller Position zum programmierten Punkt, bezogen auf den aktiven Werkstücknullpunkt

REFRW: Restweg von aktueller Position zum programmierten Punkt, bezogen auf den Maschinennullpunkt

M118: Anzeige der Handradüberlagerung

Empfehlung: Den meisten Nutzen ziehen Sie, wenn Sie standardmäßig die Positions-Anzeige 1 auf IST und die Positions-Anzeige 2 auf ISTRW einstellen.

4.2 Die Softkeys

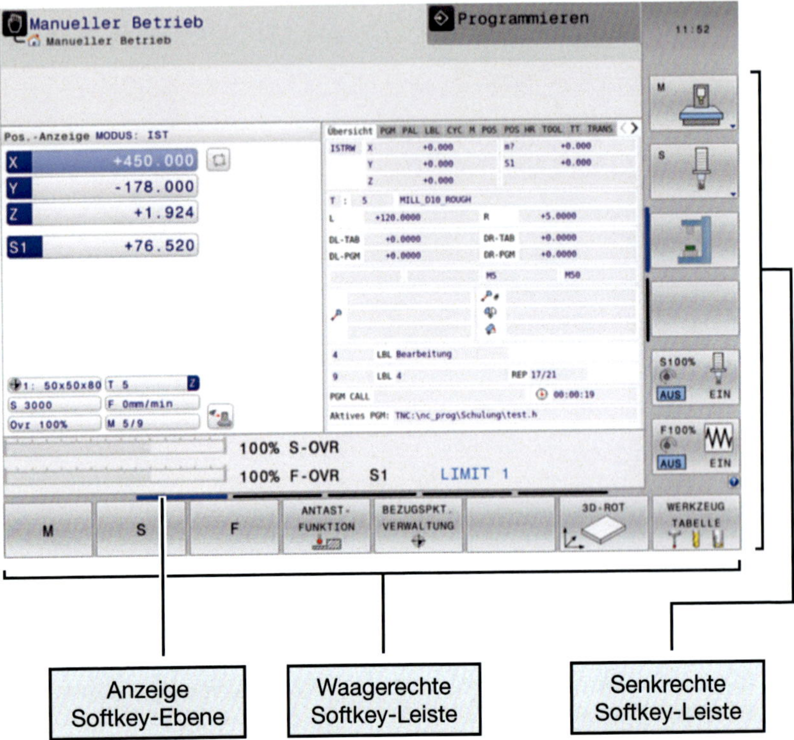

Senkrechte Softkey-Leiste

Die senkrechte Softkey-Leiste enthält Funktionen des Maschinenherstellers und kann je nach Maschinenproduzent unterschiedliche Funktionen und ein unterschiedliches beinhalten.

Aus diesem Grund werden wir im Rahmen dieses Buches nicht weiter darauf eingehen.

Waagerechte Softkey-Leiste

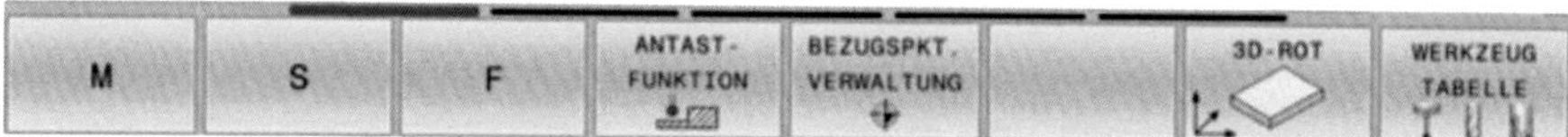

Die waagerechte Sofkey-Leiste enthält HEIDENHAIN Funktionen. Je nach Betriebsart verändert sich dieses Menü. Viele Softkeys führen zu weiteren Untermenüs. Daher werden wir an dieser Stelle nicht auf jeden Softkey eingehen, sondern werden uns an der jeweils entsprechenden Stelle im Buch den im jeweiligen Kontext relevanten Softkeys zuwenden.

Oberhalb der Softkeys sehen Sie fünf schmale Balken. Diese zeigen an, dass es hier fünf Softkey-Ebenen gibt. Der blaue Balken zeigt die gerade aktuell angezeigte Ebene an. Die Softkey-Ebenen können Sie über die Tasten ◁ und ▷ umschalten.

5 Die Tastatur

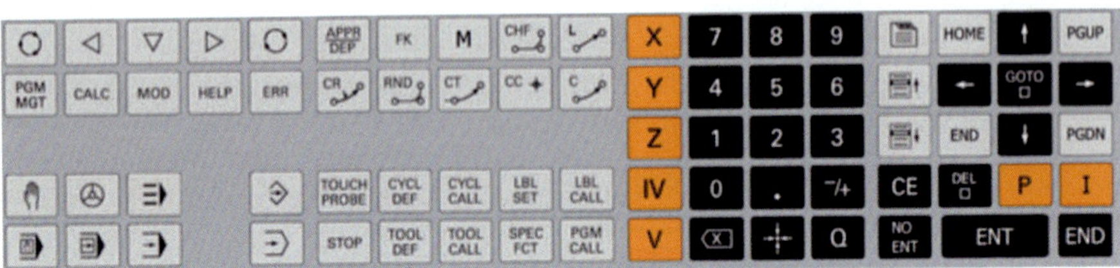

Die virtuelle Tastatur des Programmierplatzes entspricht mit ihren Schaltflächen der Originaltastatur an den Werkzeugmaschinen. Die Tasten sind nur kompakter angeordnet.

Im Folgenden schauen wir uns sowohl die einzelnen Tastaturblöcke als auch die einzelnen Tasten an.

5.1 Umschalttasten für den Bildschirm

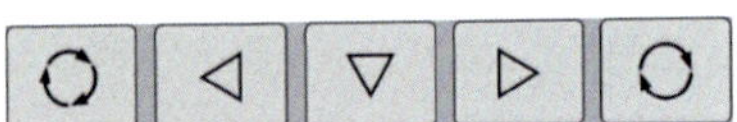

Diese Tasten sind an der Werkzeugmaschine nicht auf der Tastatur, sondern am Bildschirm angebracht.

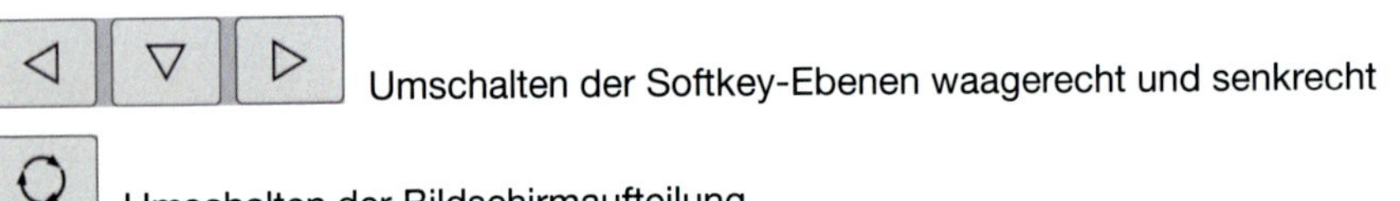

Umschalten der Softkey-Ebenen waagerecht und senkrecht

Umschalten der Bildschirmaufteilung

Umschalten zwischen aktueller Maschinen- und Programmierbetriebsart

PGM MGT — Programmmanagement-, bzw. Dateiverwaltung

CALC — Rechner

MOD — MOD-Funktion (Einstellungen von z.B. Positions-Anzeigen, Grafik, Kinematik, Eingabe Schlüsselzahlen ...)

HELP — Aufruf der Onlinehilfe

ERR — Aufruf der Fehleranzeige (zur Information, Analyse von Fehlern, inkl. Behebungsvorschlägen, sowie Löschen von Fehlern)

5.2 Die Maschinenbetriebsarten

Manueller bzw. Handbetrieb

Elektronisches Handrad aktivieren

TNC 620/640: Option Batch Process Manager, iTNC530: smart.NC

Positionieren mit Handeingabe bzw. MDI

Programmlauf Einzelsatz

Programmlauf Satzfolge

5.3 Die Programmierbetriebsarten

Programmieren (Einspeichern und Editieren von Programmen)

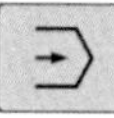
Programmtest, bzw. Simulation

5.4 Tasten zur Eröffnung der Programmierdialoge

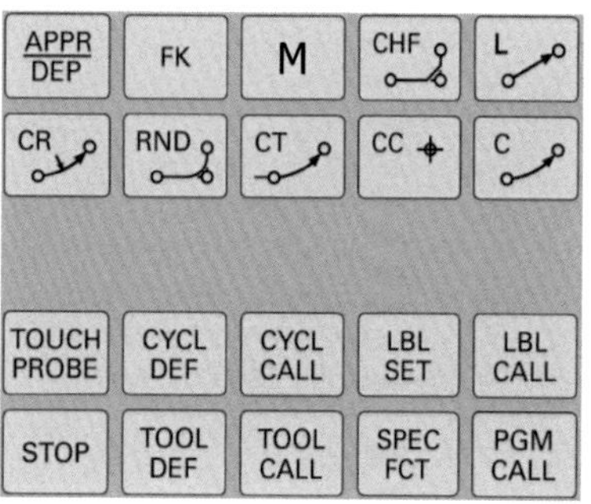

Der HEIDENHAIN-Klartext ist eine dialoggeführte Programmierart. Das heißt, dass Sie nur den gewünschten Befehl über eine der obigen Tasten anwählen müssen und sich dann ein Dialog öffnet, in welchem in logischer Reihenfolge die für den Befehl relevanten Parameter abgefragt werden.

Auf die jeweiligen Tasten werde ich im Verlaufe des Buches an der jeweils relevanten Stelle im Detail eingehen.

5.5 Die Achstasten

5.6 Der Zahlenblock

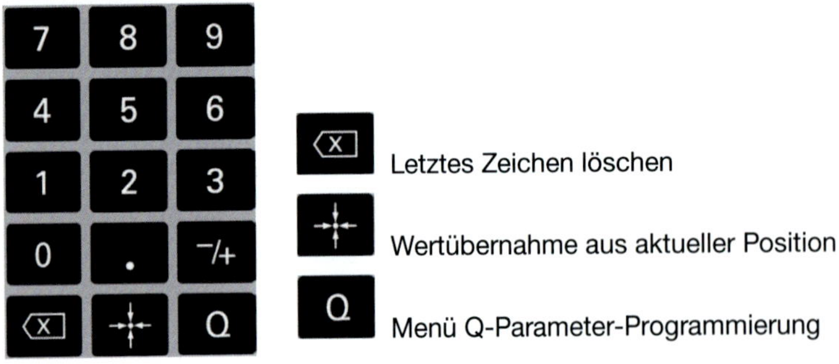

5.7 Navigationstasten für die Programmierung

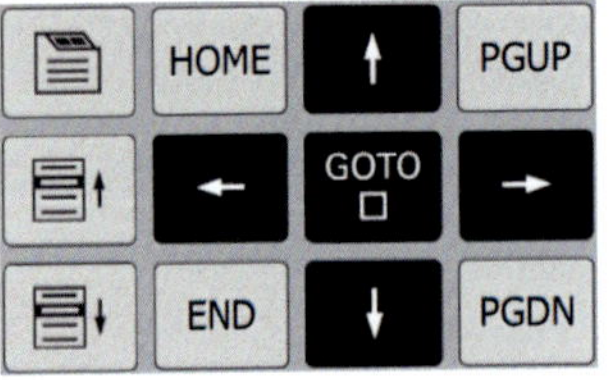

5.8 Tasten für die Steuerung der Programmierdialoge

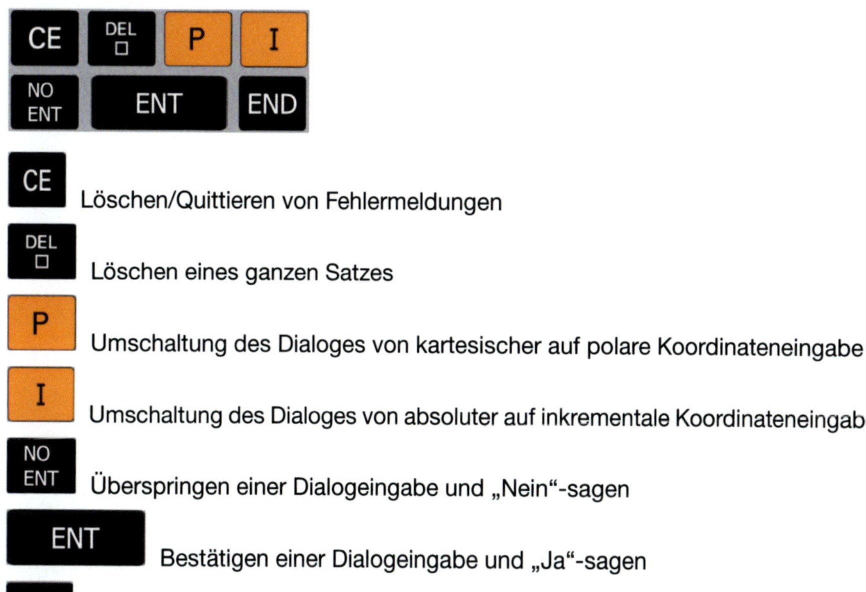

CE Löschen/Quittieren von Fehlermeldungen

DEL Löschen eines ganzen Satzes

P Umschaltung des Dialoges von kartesischer auf polare Koordinateneingabe

I Umschaltung des Dialoges von absoluter auf inkrementale Koordinateneingabe

NO ENT Überspringen einer Dialogeingabe und „Nein“-sagen

ENT Bestätigen einer Dialogeingabe und „Ja“-sagen

END Beenden eines Programmierdialoges bzw. einer Eingabe

6 Die Werkzeugtabelle

Nachdem wir nun Bildschirm und Tastatur kennengelernt haben, legen wir nun die Werkzeuge für unsere Programmierübungen an.
Für die Übungen benötigen wir jeweils einen:

NC-Anbohrer Ø 12 mm

Bohrer Ø 6,8 mm

Messerkopf Ø 50 mm

Schaftfräser Ø 16 mm

Schaftfräser Ø 10 mm

Schaftfräser Ø 8 mm

Um ein Werkzeug anlegen zu können, müssen Sie die Werkzeugtabelle öffnen.

Dies geschieht mit dem Softkey WERKZEUG TABELLE .
Nun öffnet sich die Werkzeugtabelle und Sie sehen folgendes Bild:

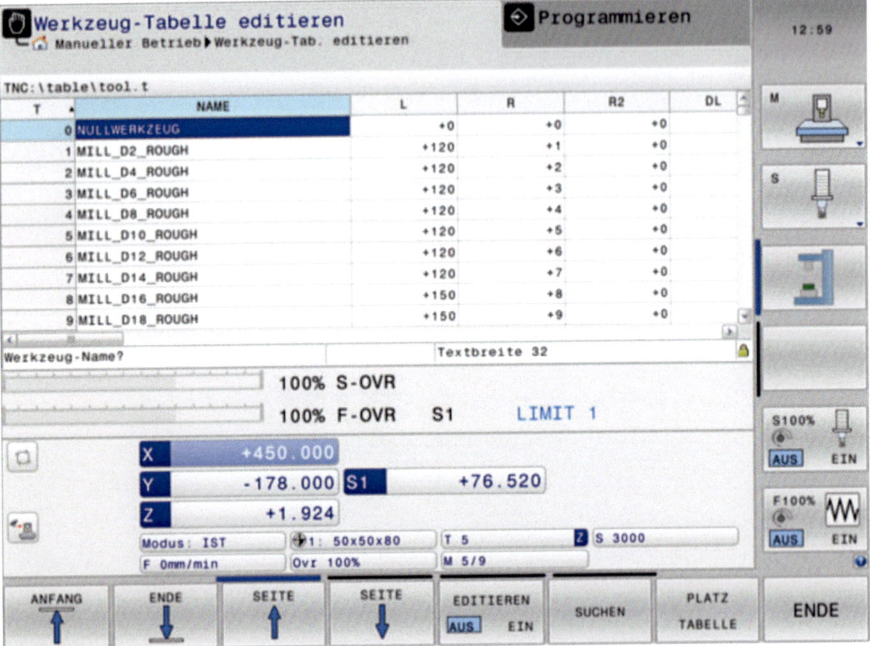

Die Werkzeugtabelle hat einen enormen Funktionsumfang. Diesen werden wir uns im Rahmen dieses Buches nicht in Gänze anschauen können. Daher beschränken wir uns im Folgenden auf die wichtigsten Werkzeugdaten, die zwingend notwendig, oder empfehlenswert sind.

Die Erklärung der wichtigen Spalten geschieht am Beispiel des bereits angelegten Werkzeugs 1 mit dem Namen „MILL_D2_ROUGH“

T	NAME	L	R	R2
1	MILL_D2_ROUGH	+120	+1	+0

T = Nummer des Werkzeugs

Name = Name des Werkzeugs

L = Gesamtlänge des Werkzeugs

R = Radius des Werkzeugs

R2 = Schneidenradius des Werkzeugs (Bei Schaftfräsern R2=0, bei Kugelfräsern R2=R, bei Torusfräsern R2 = Radius an der Schneide)

DL	DR	DR2
+0	+0	+0

DL = Verschleißkorrektur, bzw. Aufmaß in der Länge

DR = Verschleißkorrektur, bzw. Aufmaß im Radius

DR2 = Verschleißkorrektur, bzw. Aufmaß im Werkzeugradius

Im Sinne unserer Aufgabenstellung gehen wir von neuen Werkzeugen aus, die noch keinem Verschleiß unterliegen. Daher können wir diese Spalten bei allen, für die Übungen anzulegenden Werkzeugen beim Wert 0 belassen.

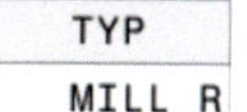

TYP
MILL_R

Werkzeugtyp. Dient zur Möglichkeit, nach Werkzeugtypen zu filtern.

Wenn Sie zweimal in das Feld klicken, bekommen Sie ein Pull-Down-Menü, in welchem Sie den Werkzeugtyp festlegen können:

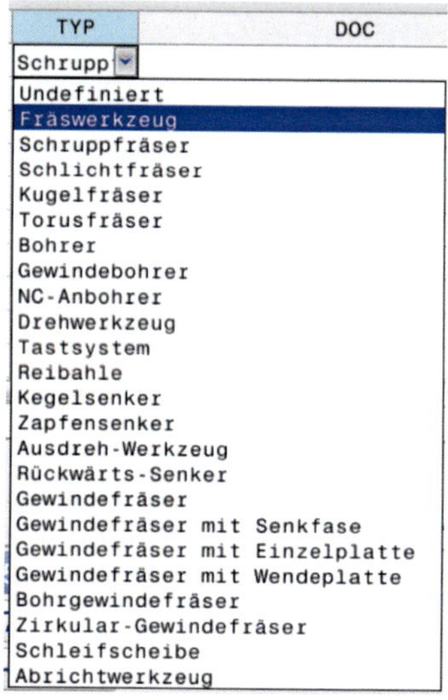

LCUTS	ANGLE	CUT
+15	+6	3

LCUTS = Schneidenlänge des Werkzeugs

ANGLE = maximaler Eintauchwinkel für das Eintauchen in einer Helix, oder pendelnd. (bei Bohrwerkzeugen nicht relevant).

CUT = Anzahl der Schneiden

T-ANGLE
+0

Spitzenwinkel des Werkzeugs. Relevant für Bohrer, NC-Anbohrer, Graviersstichel, Fasenwerkzeuge und Kegelsenker.

Wie gesagt, ist dies nur ein kleiner Teil der Möglichkeiten in der Werkzeugtabelle. Mit diesen Angaben haben Sie aber die wichtigsten Daten erfasst.

Auf dem Programmierplatz sind bereits eine Fülle von Werkzeugen angelegt. Dennoch werden wir die Werkzeuge für unser Werkstück zur Übung neu anlegen.

Da die Werkzeugtabelle immer schreibgeschützt ist, müssen wir zunächst das Editieren über den Softkey EDITIEREN AUS EIN einschalten.

Da auf dem Programmierplatz die Werkzeugnummern von 60–70 noch nicht belegt sind, werden wir dort unsere Werkzeuge anlegen.

Schalten Sie die Softkey-Leiste mit Tasten ◁ und ▷ um und betätigen Sie den Softkey ZEILE EINFÜGEN

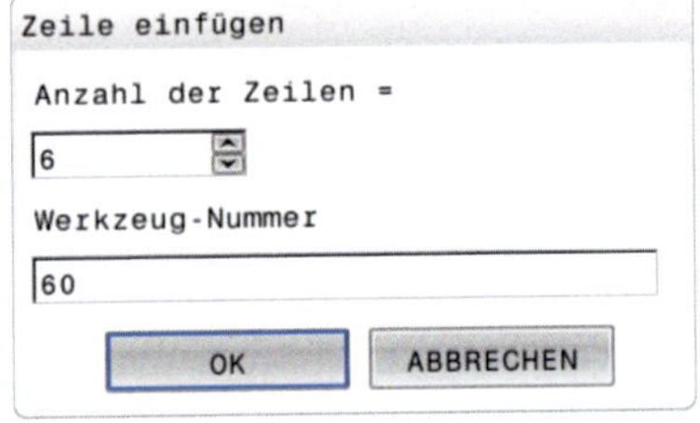

Geben Sie nun ein, dass Sie 6 Zeilen, beginnend mit der Werkzeugnummer 60, einfügen möchten und bestätigen Sie mit OK. Legen Sie nun die Werkzeuge gemäß den Vorgaben an.

6.1 Vorgaben

Werkzeugnummer (T): 60
Werkzeugname (Name): NC_Anbohrer_D12
Länge (L): 100
Radius (R): 6
Schneidenradius (R2): 0
Werkzeugtyp (TYP): NC-Anbohrer
Schneidenlänge (LCUTS): 0 (bei Bohrern nicht relevant)
Eintauchwinkel (ANGLE): 0 (bei Bohrern nicht relevant)
Anzahl Schneiden (CUT): 2
Spitzenwinkel (T-ANGLE): 90

Werkzeugnummer (T): 61
Werkzeugname (Name): Bohrer_D6-8
Länge (L): 100
Radius (R): 3.4
Schneidenradius (R2): 0
Werkzeugtyp (TYP): Bohrer
Schneidenlänge (LCUTS): 0 (bei Bohrern nicht relevant)
Eintauchwinkel (ANGLE): 0 (bei Bohrern nicht relevant)
Anzahl Schneiden (CUT): 2
Spitzenwinkel (T-ANGLE): 118

Werkzeugnummer (T): 62
Werkzeugname (Name): Schaftfraeser_D16
Länge (L): 100
Radius (R): 8
Schneidenradius (R2): 0
Werkzeugtyp (TYP): Fräswerkzeug
Schneidenlänge (LCUTS): 35
Eintauchwinkel (ANGLE): 6
Anzahl Schneiden (CUT): 4
Spitzenwinkel (T-ANGLE): 0 (bei Fräswerkzeugen nicht relevant)

Werkzeugnummer (T): 63
Werkzeugname (Name): Schaftfraeser_D10
Länge (L): 100
Radius (R): 5
Schneidenradius (R2): 0
Werkzeugtyp (TYP): Fräswerkzeug
Schneidenlänge (LCUTS): 35
Eintauchwinkel (ANGLE): 6
Anzahl Schneiden (CUT): 4
Spitzenwinkel (T-ANGLE): 0 (bei Fräswerkzeugen nicht relevant)

Werkzeugnummer (T): 64
Werkzeugname (Name): Schaftfraeser_D8
Länge (L): 100
Radius (R): 4
Schneidenradius (R2): 0
Werkzeugtyp (TYP): Fräswerkzeug
Schneidenlänge (LCUTS): 30
Eintauchwinkel (ANGLE): 6
Anzahl Schneiden (CUT): 4
Spitzenwinkel (T-ANGLE): 0 (bei Fräswerkzeugen nicht relevant)

Werkzeugnummer (T): 65
Werkzeugname (Name): Messerkopf_D50
Länge (L): 80
Radius (R): 25
Schneidenradius (R2): 0
Werkzeugtyp (TYP): Fräswerkzeug
Schneidenlänge (LCUTS): 12
Eintauchwinkel (ANGLE): 6
Anzahl Schneiden (CUT): 6
Spitzenwinkel (T-ANGLE): 0 (bei Fräswerkzeugen nicht relevant)

ACHTUNG: Die Werkzeugdaten sind hier nur beispielhaft. In der Werkzeugmaschine müssen die richtigen Werkzeugdaten, insbesondere in Bezug auf Länge und Radius eingegeben werden.

7 Programme öffnen und verwalten

Nachdem wir nun die benötigten Werkzeuge angelegt haben, sind die Vorbereitungen abgeschlossen und wir können mit der Programmierung beginnen. Hierzu legen wir ein neues Programm an.

Wechseln Sie in die Betriebsart „Programmieren“ mit der Taste .

Gehen Sie dann in die Dateiverwaltung (Programmmanagement) mit der Taste PGM MGT.

Sie sehen nun folgendes Bild:

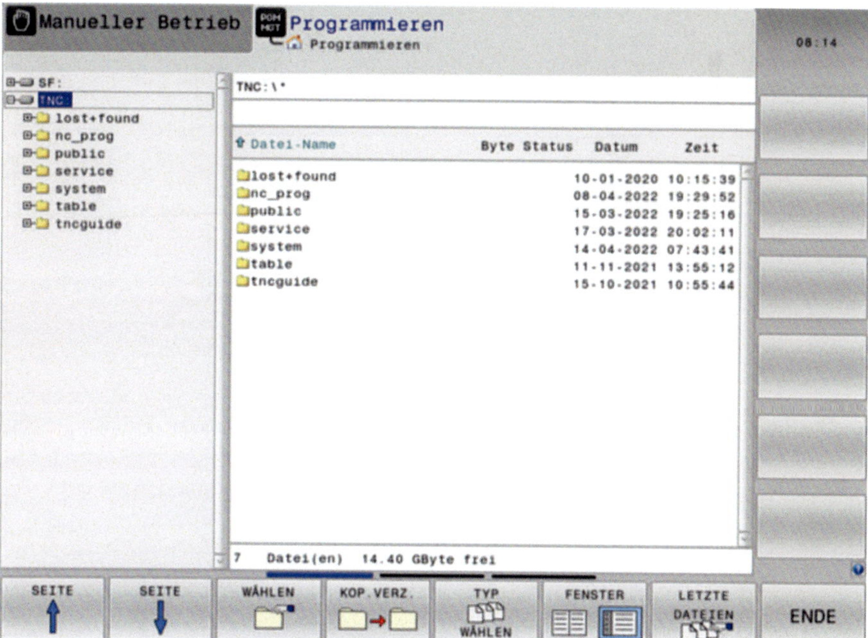

In dem linken, schmalen Feld sehen Sie die Ordner Ihrer Dateiverwaltung.

Auf der rechten Seite sehen Sie den Inhalt des angewählten Ordners. Auf dem Bild ist auf der linken Seite „TNC“ angewählt. Das ist die Festplatte der Maschine. Daher sehen Sie rechts zunächst auch nur Ordner.

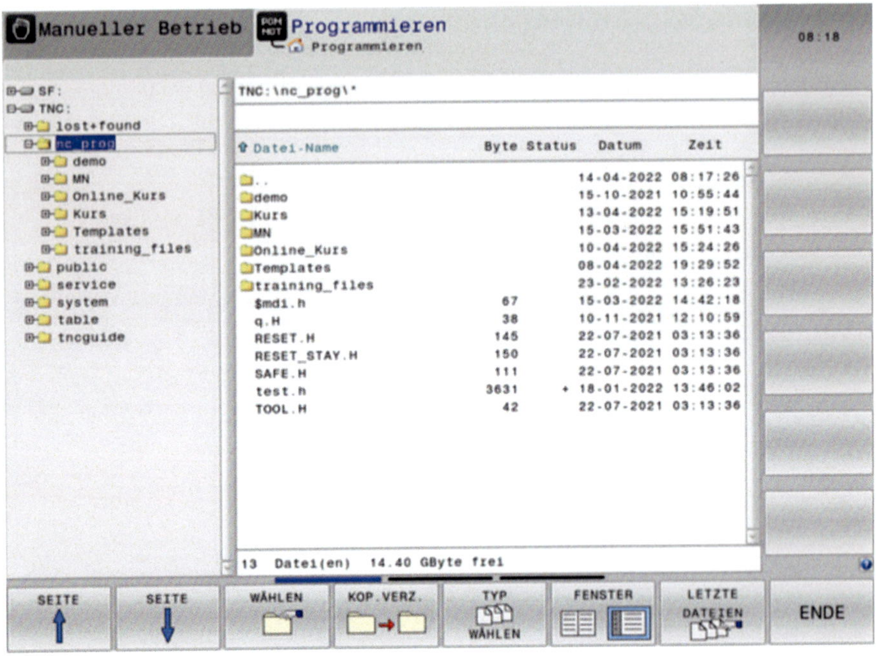

Wenn wir einen Ordner anwählen, sehen wir rechts gegebenenfalls weitere Unterordner und die Dateien, die der Ordner enthält. Die Dateien mit der Endung **.h** sind HEIDENHAIN-KLARTEXT-Programme.

Das Wechseln zwischen dem rechten und linken Fenster erfolgt mit den Tasten

 und .

Das Navigieren auf Ordner, bzw. Dateien mit den Tasten  und  .

Nun wollen wir für unsere Programme einen Ordner „Schulung“ als Unterordner des Ordners „nc-prog“ anlegen.

Wechseln Sie mit der Taste  auf die linke Seite und stellen Sie den Cursor mithilfe der Tasten  und  auf den Ordner „nc-prog“

Tippen Sie nun den Namen „Schulung“ ein und bestätigen Sie die Eingabe mit OK.

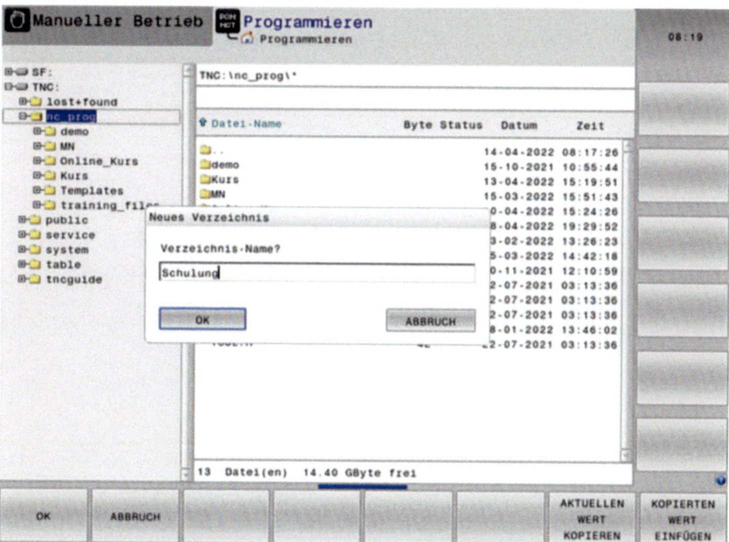

Ihr Ordner ist nun angelegt.

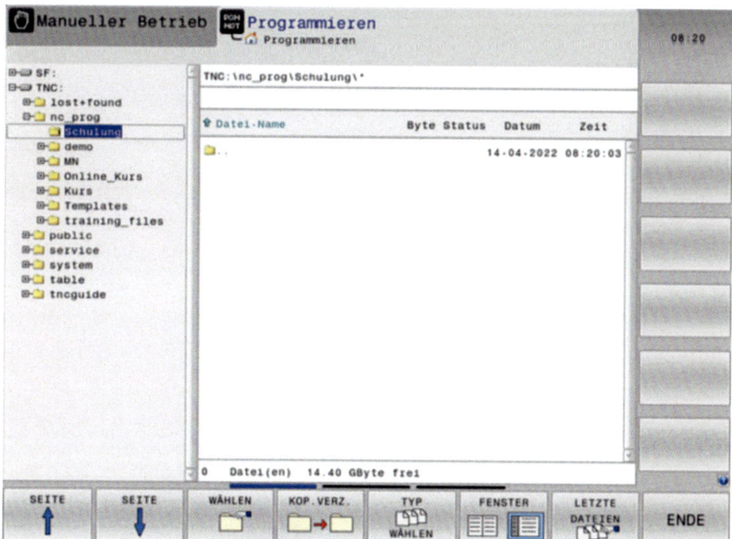

Wechseln Sie nun mit → auf die rechte Seite.

7.1 Wichtige Softkeys im Programmmanagement in der Betriebsart Programmieren

Wenn Sie die Betriebsart „Programmieren“ angewählt haben, gibt es Im Programmmanagement drei Softkey-Ebenen.

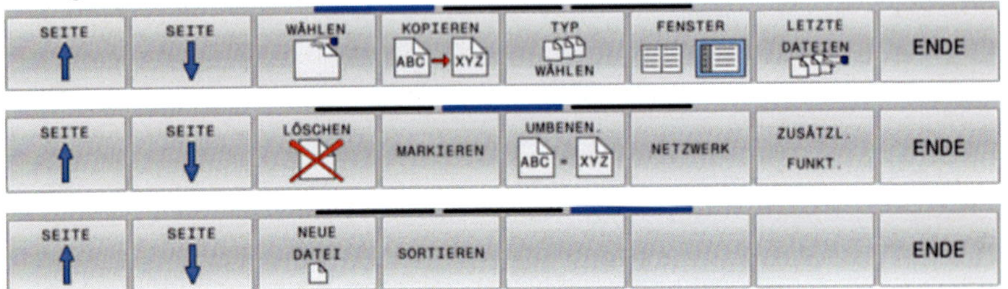

An dieser Stelle seien nur die wichtigsten Softkeys kurz erklärt.

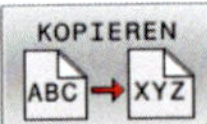

– Kopieren von Dateien.

Wenn Sie eine Datei kopieren, öffnet sich folgendes Fenster:

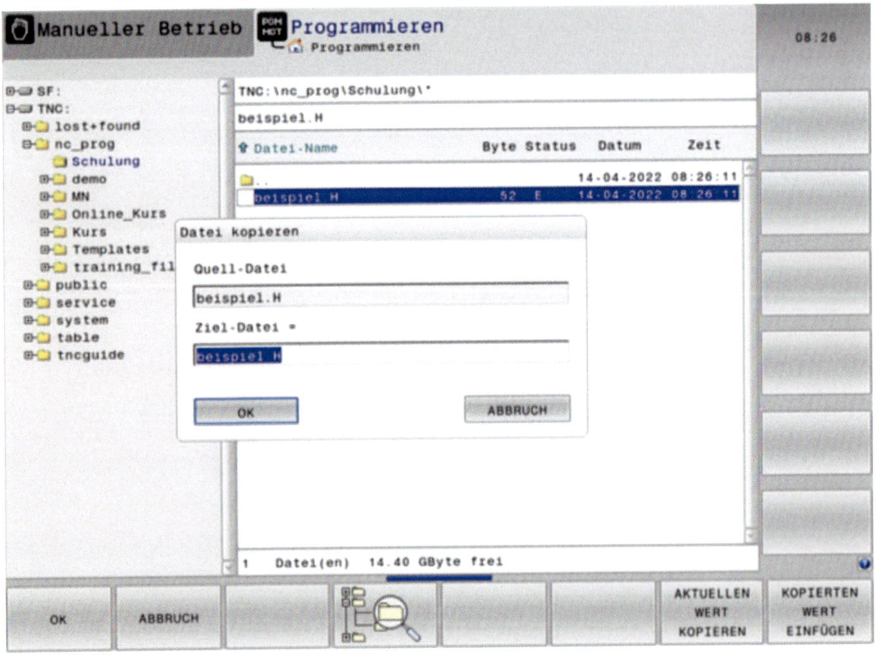

Sie können nun im Feld Zieldatei einen neuen Namen eingeben und das Programm wird in den gleichen Ordner kopiert.

Wenn Sie zusätzlich den Softkey 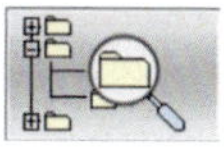 drücken, öffnet sich ein weiteres Überblendfenster, in welchem Sie die Datei in einen anderen Ordner kopieren können:

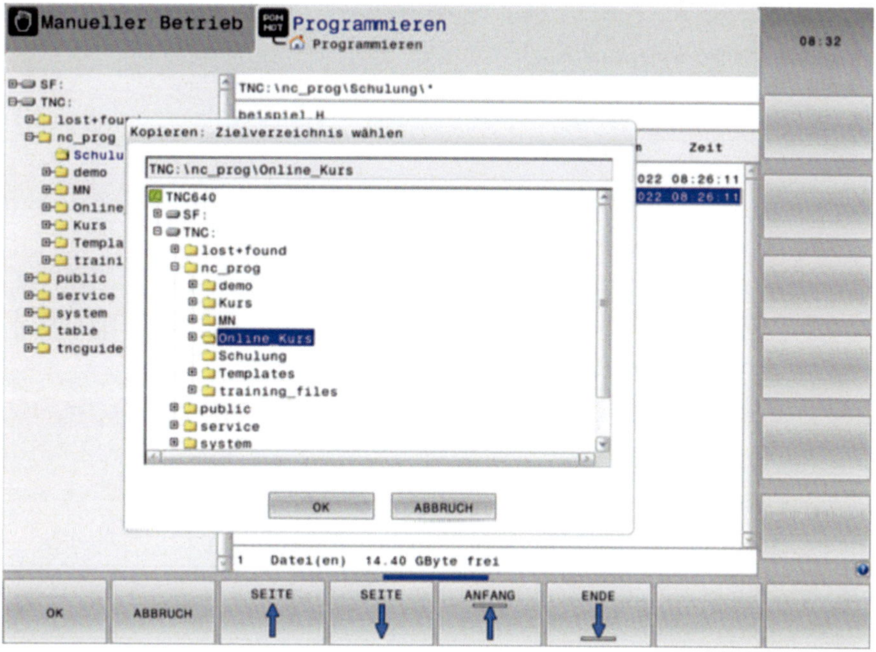

Wählen Sie den gewünschten Ordner mit den Pfeiltasten.

Wählen bzw. Filtern von Dateitypen, die angezeigt werden sollen.

Nach dem Betätigen erhalten Sie folgende Auswahl:

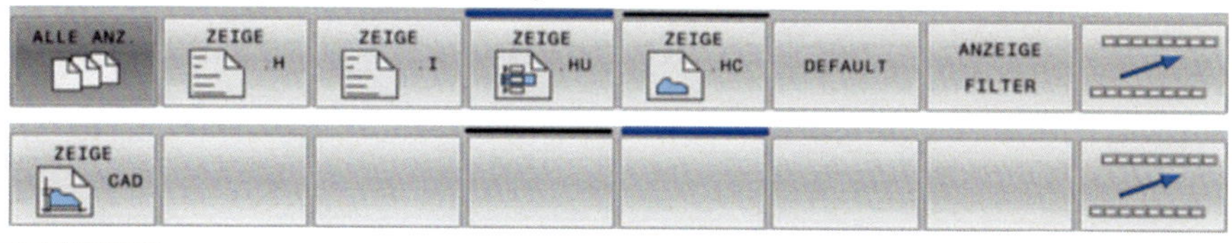

Zeigt Ihnen sämtliche Dateitypen an

Zeigt nur HEIDENHAIN-KLARTEXT-Programme an

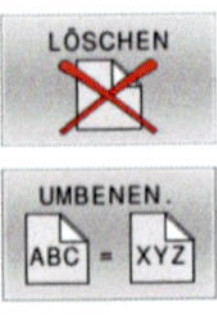

Löschen von Dateien

Umbenenennen von Dateien

Neue Datei eröffnen

Lassen Sie uns nun ein neues Programm anlegen.

Betätigen Sie hierzu den Softkey NEUE DATEI und geben Sie im sich öffnenden Fenster den Namen der Datei „Uebung_1.h“ an.

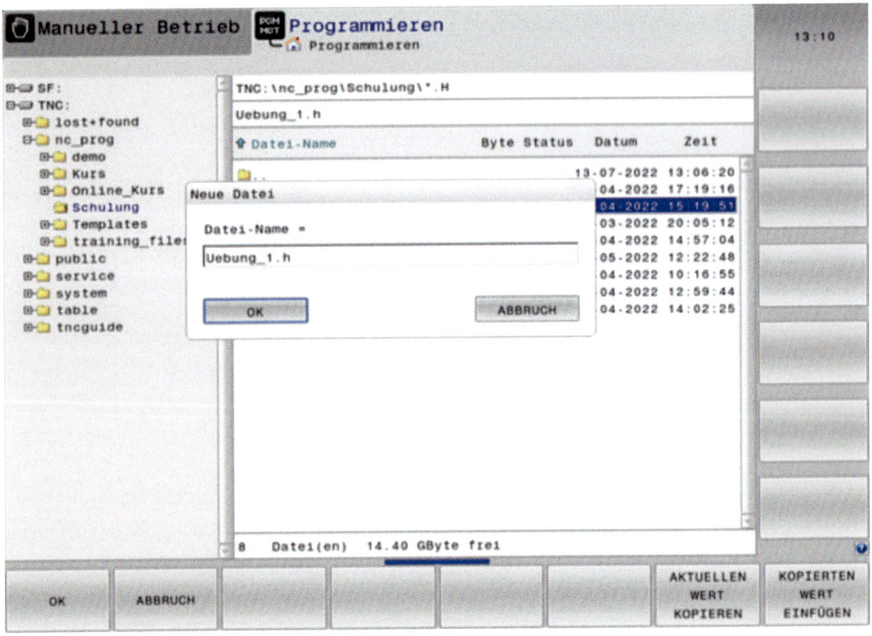

7.2 Wichtig

Zulässige Zeichen für Dateinamen sind ausschließlich:

- Groß- und Kleinbuchstaben
- Zahlen 0 bis 9
- Bindestrich (-)
- Unterstrich (_)
- Punkt (.) als Trennzeichen zur Dateiendung.

Die Dateiendung für HEIDENHAIN-KLARTEXT Programme ist **.h** .

Mit .I könnten Sie zum Beispiel Programme im DIN/ISO G-Code schreiben. Dies wird aber nicht Bestandteil dieses Buches werden. Weitere Dateiendungen sind dem Handbuch der Steuerung zu entnehmen und werden in diesem Buch nicht besprochen.

Nun werden Sie nach dem Maßsystem gefragt, in welchem die Steuerung die Koordinaten Ihres Programms interpretieren soll.

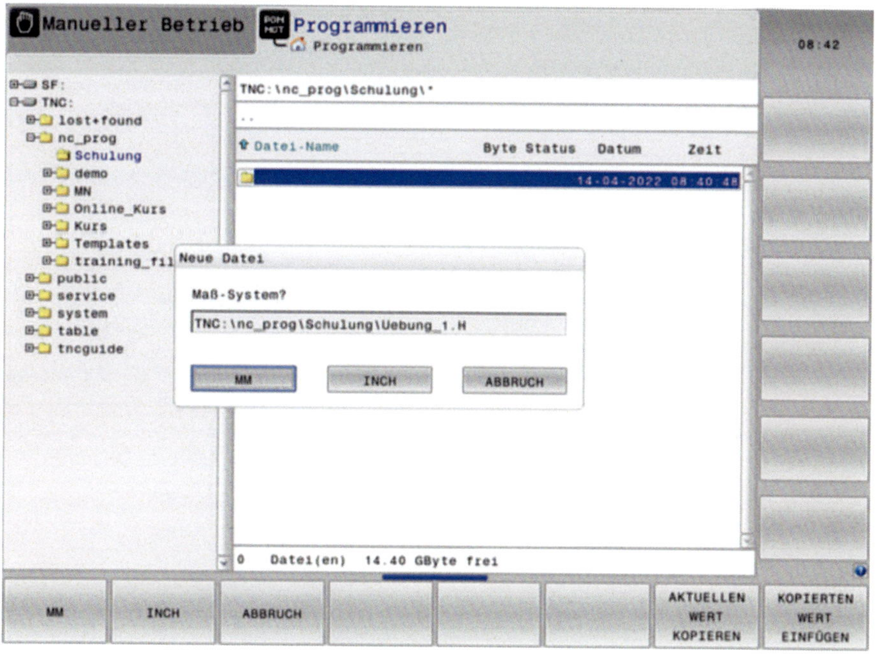

Zur Auswahl stehen Millimeter, oder Inch.

Bestätigen Sie MM über den entsprechenden Softkey, die Schaltfläche des Überblendfensters, oder die Taste 

.

Sie erhalten folgendes Bild:

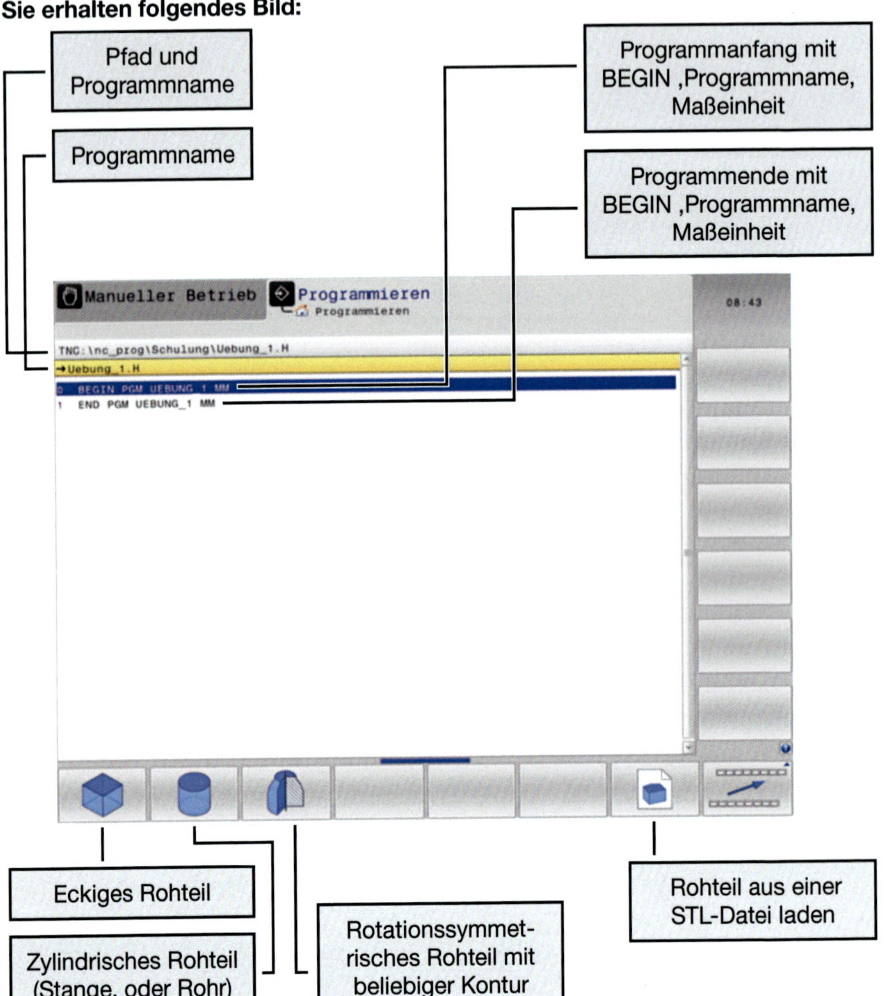

Bevor wir nun das Rohteil für unser Werkstück programmieren werden, schauen wir uns alle Möglichkeiten der Rohteilbeschreibung mal an.

7.3 Zylindrisches Rohteil

Eingabeparameter:

Rotationsachse: X, Y, Z (bei senkrechten Fräsmaschinen im Regelfall Z)

R: Eingabe des Außenradius 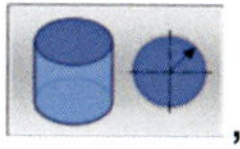, oder alternativ

D: Eingabe des Außendurchmessers

L: Eingabe der Rohteillänge

Optional:

DIST: Distanz des Nullpunkts zum Zylinderende

RI: Eingabe des Innenradius 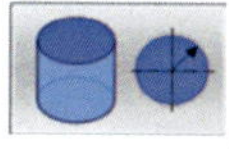, oder alternativ

DI: Eingabe des Inndurchmessers 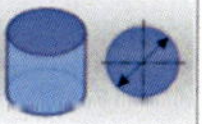

Beispiel:

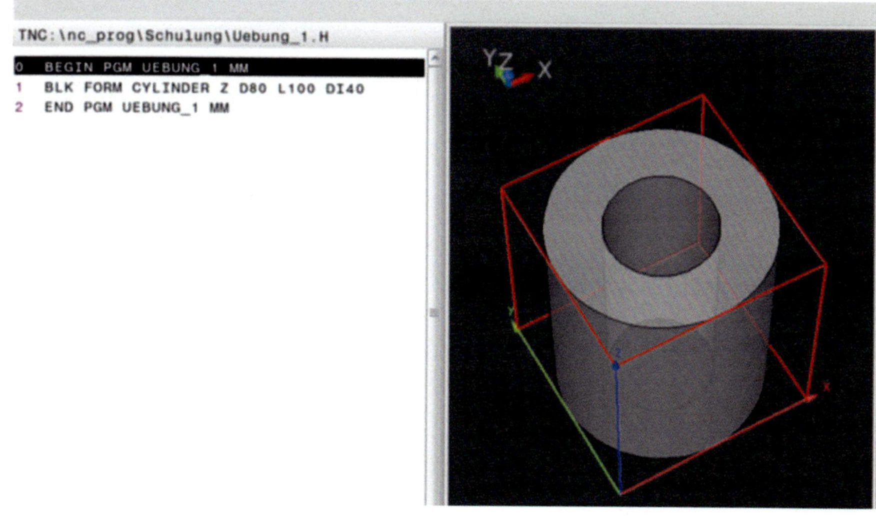

7.4 Rotationssymmetrisches Rohteil

Eingabeparameter:

Rotationsachse: X, Y, Z (bei senkrechten Fräsmaschinen im Regelfall Z)

DIM_R: Rohling wird im Radius beschrieben 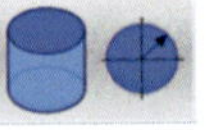

DIM_D: Rohling wird im Durchmesser beschrieben 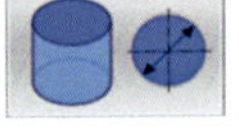

LBL: Angabe des Labels (Unterprogramm), in welchem die Kontur beschrieben wird.

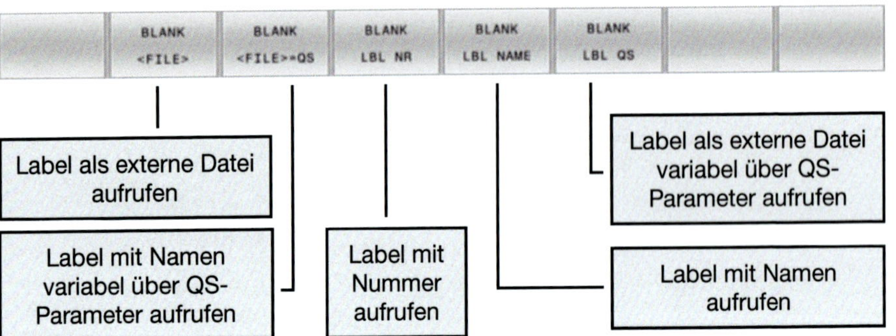

Beispiel:

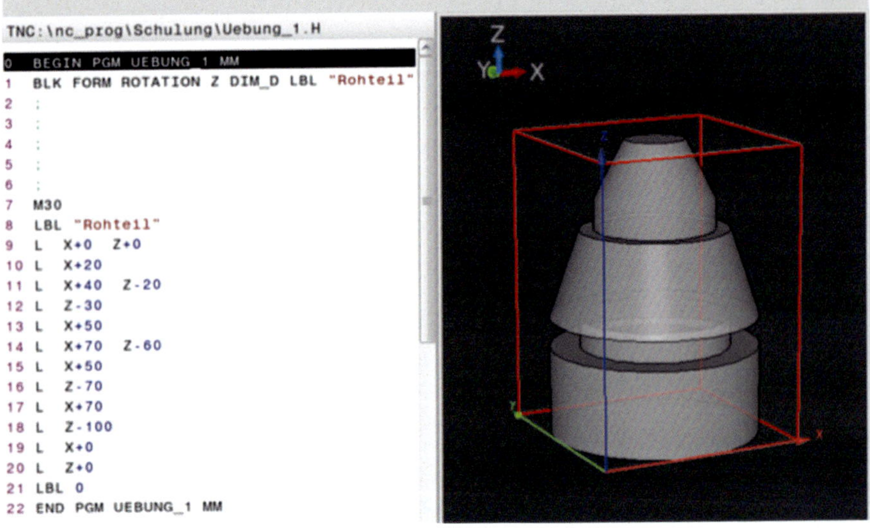

7.5 Rohteil aus STL-Datei laden

Eingabeparameter:

FILE: Angabe des Pfades und des Dateinamens der STL-Datei, die die Rohteilkontur enthält

Beispiel:

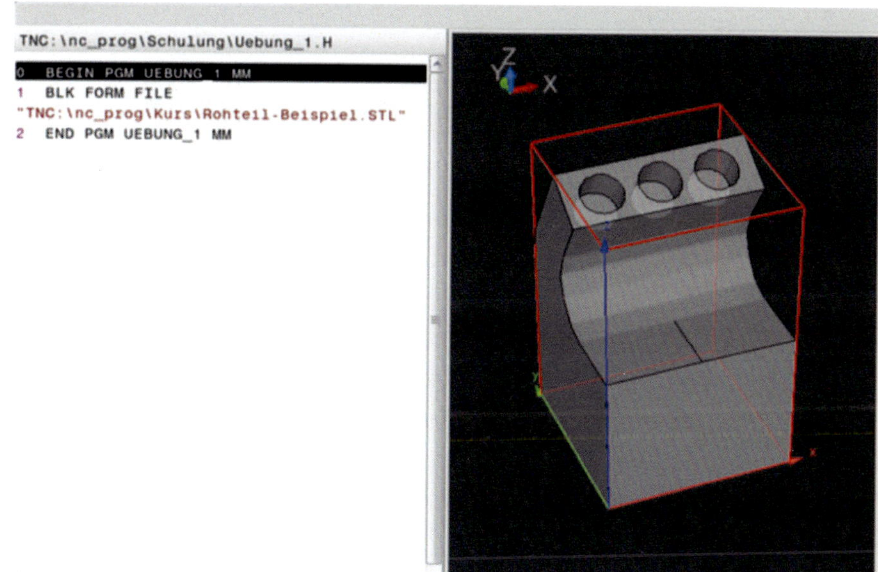

Nun kommen wir zum eckigen Rohteil, welches wir auch für unsere Übung benötigen.

7.6 Rohteil als Quader

Dies schauen wir uns zur besseren Verständlichkeit, an einem kleinen Beispiel an.

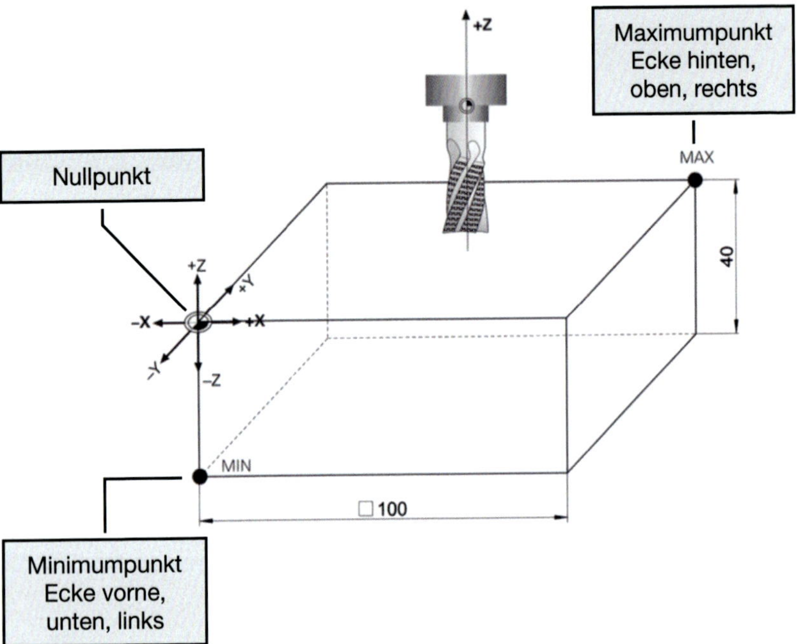

Eingabeparameter:

BLK FORM 0.1:

Angabe der Werkzeugachse, bzw. Bearbeitungsebene für die Grafik:

- Z (Bearbeitungsebene XY)
- X (Bearbeitungsebene YZ)
- Y (Bearbeitungsebene XZ)

Auf Maschinen mit senkrechter Werkzeugspindel ist dies im Regelfall Z.

Nun erfolgt die Eingabe der kleinsten Koordinate, bezogen auf den Werkstücknullpunkt. Dies ist bei Werkzeugachse Z immer die Werkstückecke „vorne, unten, links“.

X (min): 0 (Koordinate, bezogen auf den Nullpunkt)

Y (min): 0 (Koordinate, bezogen auf den Nullpunkt)

Z (min): -20 (Koordinate, bezogen auf den Nullpunkt)

Dann erfolgt die Eingabe der größten Koordinate, bezogen auf den Werkstücknullpunkt. Dies ist bei Werkzeugachse Z immer die Werkstückecke „hinten, oben, rechts".

BLK FORM 0.2:

X (max.): 100 (Koordinate, bezogen auf den Nullpunkt)

Y (max.): 100 (Koordinate, bezogen auf den Nullpunkt)

Z (max.): 0 (Koordinate, bezogen auf den Nullpunkt)

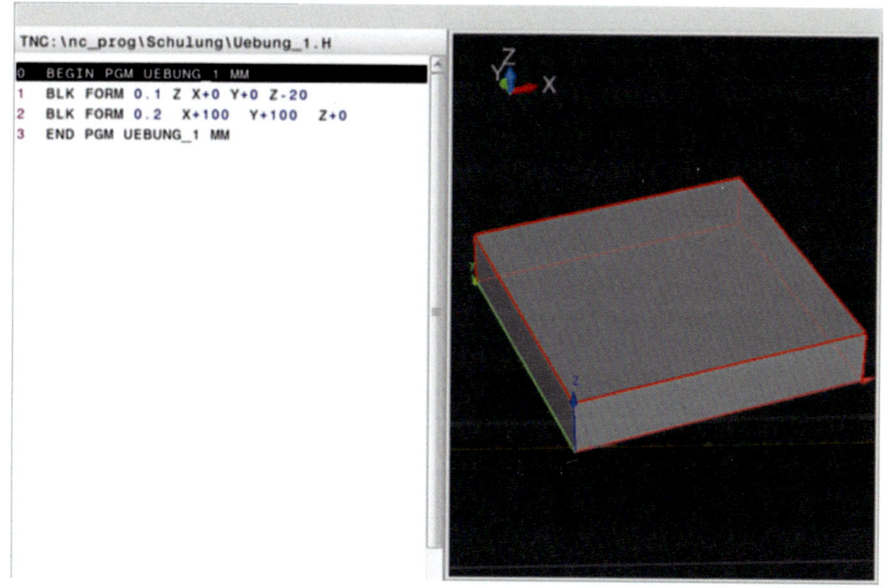

7.7 Jetzt aber konkret für unser Übungswerkstück

Programmieren Sie am Programmierplatz die BLK FORM für folgendes Werkstück:

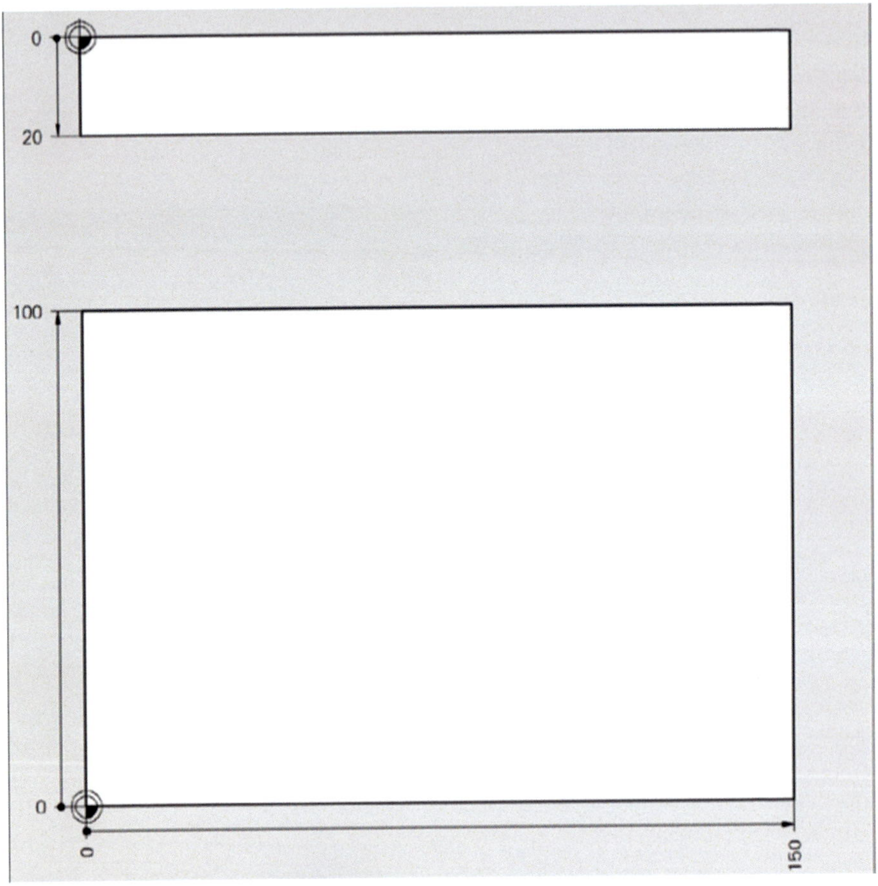

Drücken Sie den Softkey 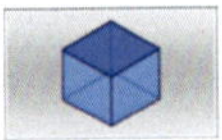 .

Vervollständigen Sie nun den Dialog:

```
0  BEGIN PGM UEBUNG_1 MM
1  BLK FORM 0.1 Z
2  END PGM UEBUNG_1 MM
```

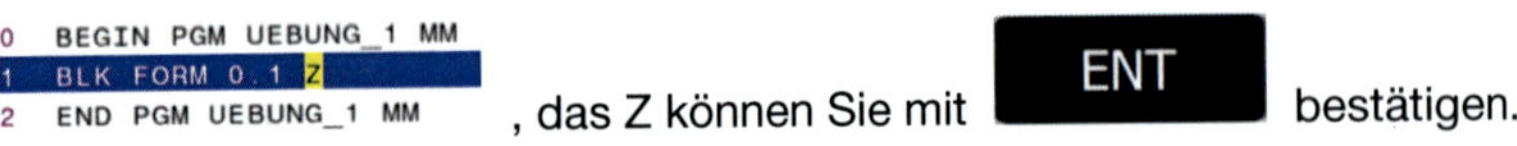

, das Z können Sie mit ENT bestätigen.

Hiermit sagen Sie der Steuerung, dass das Werkzeug parallel zur Z-Achse eingespannt ist und die Bearbeitungsebene daher in XY ist.

Vervollständigen Sie den restlichen Dialog und bestätigen Sie jede Eingabe mit ENT.

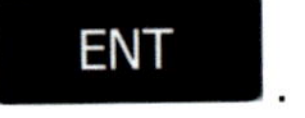

```
0  BEGIN PGM UEBUNG_1 MM
1  BLK FORM 0.1 Z X+0 Y+0 Z-20
2  BLK FORM 0.2  X+100  Y+100  Z+0
3  END PGM UEBUNG_1 MM
```

Lassen Sie uns das Ergebnis direkt überprüfen.

Hierzu wechseln wir in die Betriebsart Programmtest (Simulation) mit der Taste .

Anschließend rufen wir das Programmmanagement mit der Taste PGM MGT auf.

Wählen Sie nun mit den Navigationstasten

den richtigen Ordner und das richtige Programm aus und bestätigen Sie mit

.

Tipp: Mit dem Softkey LETZTE DATEIEN erhalten Sie ein Überblendfenster, welches wie eine Abkürzung ganz oben direkt das zuletzt benutzte Programm anzeigt, welches Sie auswählen können.

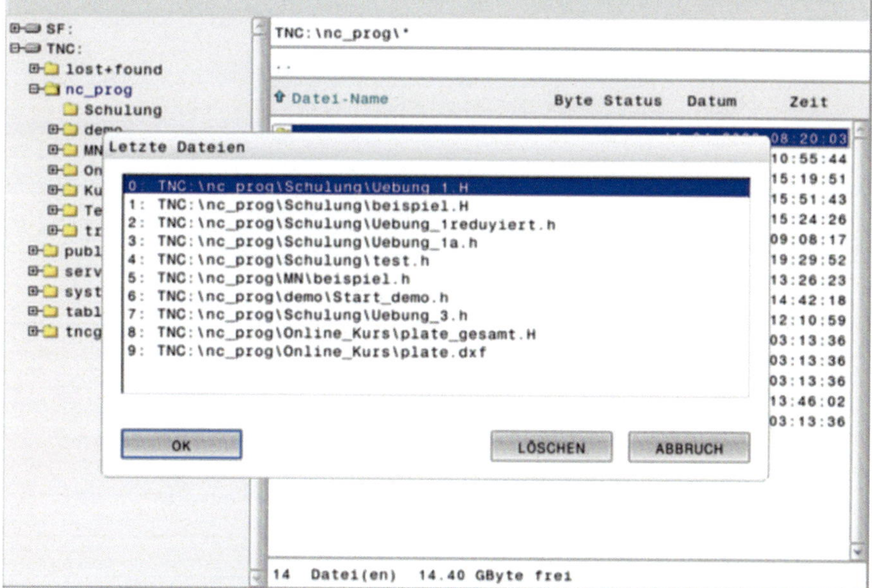

Wenn Sie das Programm angewählt haben, sehen Sie nun Ihr Ergebnis.

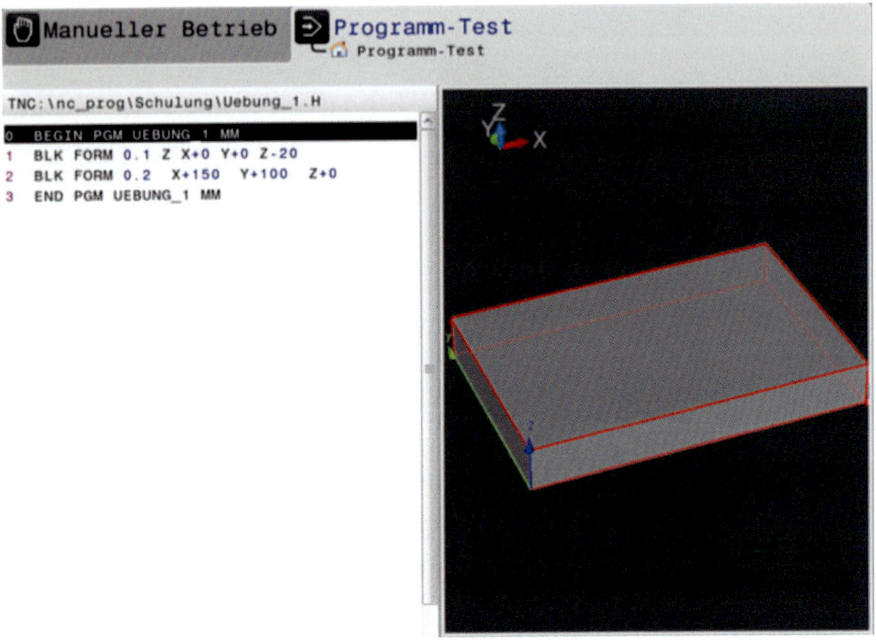

Manueller Betrieb | Programm-Test

Programm-Test

TNC:\nc_prog\Schulung\Uebung_1.H

```
0  BEGIN PGM UEBUNG_1 MM
1  BLK FORM 0.1 Z X+0 Y+0 Z-20
2  BLK FORM 0.2  X+150  Y+100  Z+0
3  END PGM UEBUNG_1 MM
```

Eventuell müssen Sie die Bildschirmaufteilung in der Betriebsart Programmtest noch umstellen, um sowohl das Programm auf der rechten und das Werkstück auf der linken Seite zu sehen.

Dies tun Sie über die Taste  und den Softkey 

.

7.8 Weitere Möglichkeiten der Bildschirmaufteilung im Programmtest

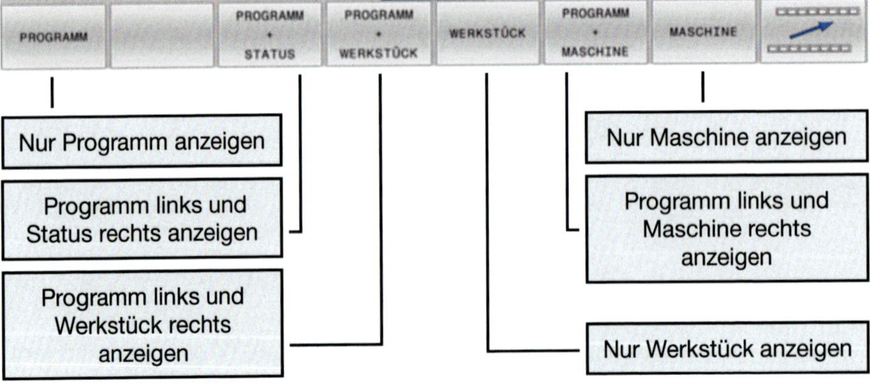

8 Übung 1: Planfräsen

Nun zurück zu unserer Übung.

Gehen wir einmal davon aus, dass das Rohteil nicht 20 mm dick ist, sondern 21 mm. Das heißt, wir müssen das Werkstück mit Planfräsen zunächst auf das Maß 20 mm bringen.

Dazu wechseln wir zurück in die Betriebsart Programmieren.

Damit wir diesen Millimeter auch in der Simulation sehen können, verändern wir die BLK FORM und geben dort im Satz BLK FORM 0.2 den Z-Wert (also die Ecke hinten, oben, rechts) mit +1 an.

Einen programmierten Satz können Sie editieren, indem Sie mit den Tasten

und zu dem zu ändernden Satz gehen und mit den Tasten oder in den Dialog einsteigen.

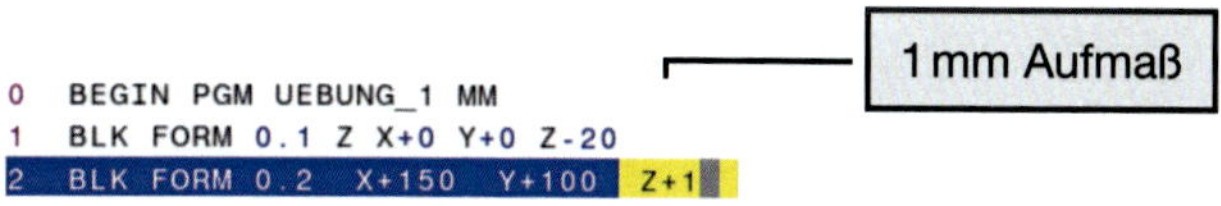

Das Planfräsen werden wir mit einem Zyklus programmieren. Zyklen sind häufig wiederholte Standardoperationen (z.B. Bohrungen, Rechtecktaschen, Nuten, ...), die in ihren Eingabewerten, wie z.B. Maße, technologische Daten etc., zwar variabel sein können, in ihrer Funktion aber immer gleich sind. Daher hat man für solche Standardoperationen einfache Eingabemasken geschaffen, die Komfort, Schnelligkeit und Sicherheit in die Programmierung bringen.

HEIDENHAIN unterscheidet zwei Arten von Zyklen:

DEF-aktive Zyklen: Diese Zyklen sind aktiv, sobald sie definiert worden sind.

CALL-aktive Zyklen: Diese Zyklen müssen, nachdem sie definiert wurden, aufgerufen werden.

Keine Sorge, Sie müssen nicht auswendig lernen, welcher Zyklus zu welcher Sorte gehört. Stellen Sie sich nur eine einfache Frage: „Macht der Zyklus Späne?"

Alle Zyklen, die Späne machen, sind CALL-aktiv.

Zyklen, die keine Späne machen (Nullpunktverschiebung, Spiegelung, Drehung ...) sind DEF-aktiv.

Die Programmierung aller CALL-aktiven Standardbearbeitungszyklen erfolgt immer nach dem gleichen Muster, welches man mit den Fragen Wer, Was, Wo umschreiben kann:

Wer: Wer macht die Späne? (Werkzeugaufruf)

Was: Was soll gemacht werden? (Definition des Zyklus)

Wo: Wo soll gearbeitet werden? (Zyklusaufruf auf Position)

Arbeitsplan:

Arbeitsschritt	Werkzeugname	Durchmesser (mm)	FZ (mm/Zahn)	VC (mm/min)
Planfräsen	Eckmesser-kopf_D50	50	0,1	300

Starten wir in unserem Programm mit dem Werkzeugaufruf über die Taste TOOL CALL.

Über die Softkeys WERKZEUG-NUMMER WERKZEUG-NAME QS können Sie nun wählen, ob Sie das Werkzeug mit seiner Nummer, seinem Namen oder über einen QS-Parameter aufrufen möchten.

Wir wählen hier einmal WERKZEUG-NAME und gehen dann auf WÄHLEN.

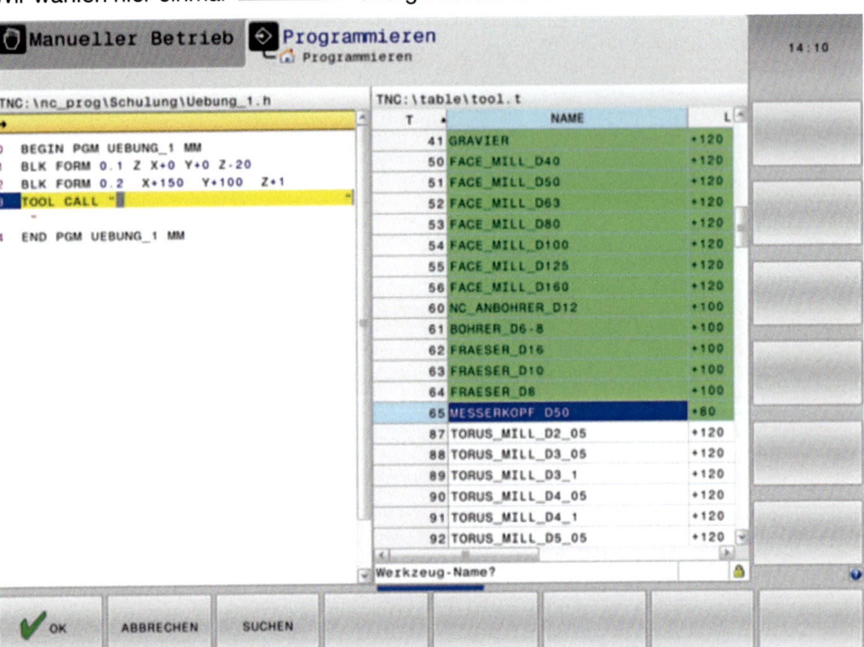

Wählen Sie dann das Werkzeug aus und bestätigen Sie mit OK.

Im TOOL CALL-Dialog werden Sie als Nächstes nach der Spindelachse gefragt. Die Steuerung schlägt Ihnen Z vor, was bei allen senkrechten Maschinen richtig ist und mit der ENT-Taste bestätigt werden kann. Durch diese Information weiß die Steuerung, dass sie die Werkzeuglänge in der Z-Achse und den Werkzeugradius in den

Achsen X und Y zu verrechnen hat.

```
2   BLK FORM 0.2   X+150   Y+100   Z+1
3   TOOL CALL "MESSERKOPF D50" Z
4   END PGM UEBUNG_1 MM
```

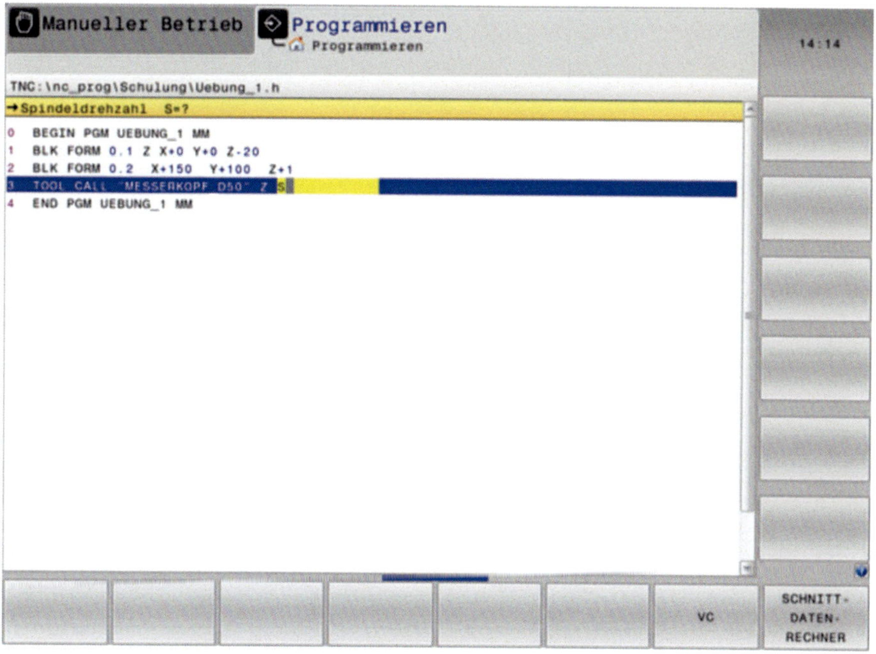

Manueller Betrieb   Programmieren
Programmieren
14:14

TNC:\nc_prog\Schulung\Uebung_1.h

→Spindeldrehzahl S=?

```
0   BEGIN PGM UEBUNG_1 MM
1   BLK FORM 0.1 Z X+0 Y+0 Z-20
2   BLK FORM 0.2  X+150  Y+100  Z+1
3   TOOL CALL "MESSERKOPF D50" Z S
4   END PGM UEBUNG_1 MM
```

VC   SCHNITT-DATEN-RECHNER

Sie werden im Dialog nun nach der Spindeldrehzahl gefragt. Da im Arbeitsplan die Schnittgeschwindigkeit VC angegeben ist, haben Sie nun die Möglichkeit, die Eingabe mit dem Softkey 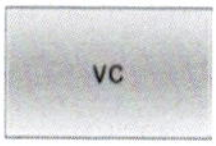 VC umzustellen, oder den Schnittdatenrechner SCHNITT-DATEN-RECHNER

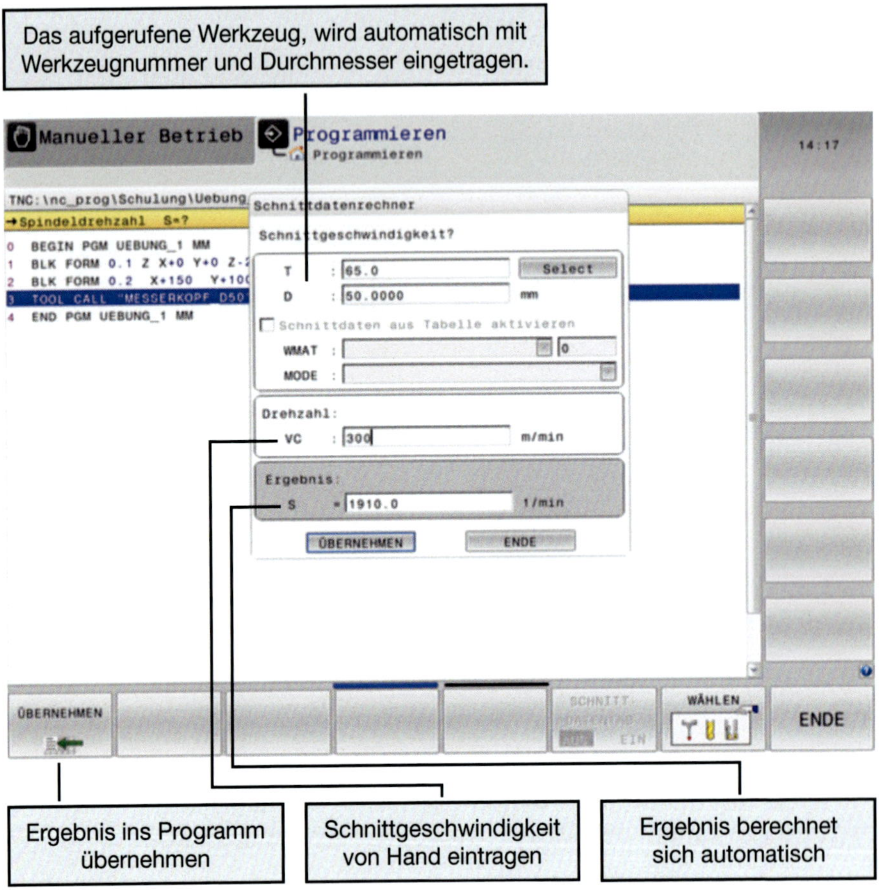

Das aufgerufene Werkzeug, wird automatisch mit Werkzeugnummer und Durchmesser eingetragen.

```
Manueller Betrieb    Programmieren
                     Programmieren                                14:17
TNC:\nc_prog\Schulung\Uebung
→Spindeldrehzahl   S=?
0  BEGIN PGM UEBUNG_1 MM
1  BLK FORM 0.1 Z X+0 Y+0 Z-
2  BLK FORM 0.2  X+150  Y+10
3  TOOL CALL "MESSERKOPF D50
4  END PGM UEBUNG_1 MM

Schnittdatenrechner
Schnittgeschwindigkeit?
T    : 65.0        Select
D    : 50.0000     mm
Schnittdaten aus Tabelle aktivieren
WMAT :             0
MODE :
Drehzahl:
VC   : 300         m/min
Ergebnis:
S    = 1910.0      1/min
ÜBERNEHMEN    ENDE

ÜBERNEHMEN | | | | | SCHNITT-DATENTAB. AUS EIN | WÄHLEN | ENDE
```

Ergebnis ins Programm übernehmen

Schnittgeschwindigkeit von Hand eintragen

Ergebnis berechnet sich automatisch

aufzurufen.

Im Dialog wird nun nach dem Vorschub gefragt:

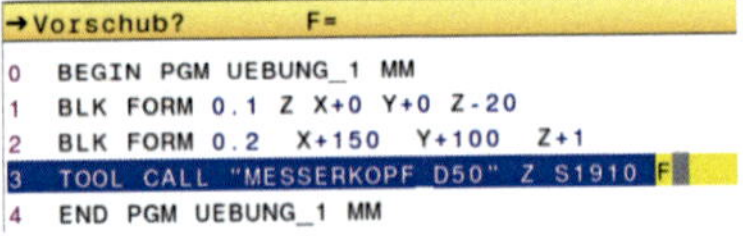

```
→Vorschub?        F=
0  BEGIN PGM UEBUNG_1 MM
1  BLK FORM 0.1 Z X+0 Y+0 Z-20
2  BLK FORM 0.2  X+150  Y+100  Z+1
3  TOOL CALL "MESSERKOPF D50" Z S1910 F
4  END PGM UEBUNG_1 MM
```

Hier haben Sie folgende Auswahlmöglichkeiten:

Im weiteren Dialog wird noch nach den folgenden Parametern gefragt:

DL: Delta-Länge (positives oder negatives Aufmaß in der Länge, welches nur nach dem Aufruf aktiv ist)

DR: Delta-Radius (positives oder negatives Aufmaß im Radius, welches nur nach dem Aufruf aktiv ist)

DR2: Delta-Radius2 (positives oder negatives Aufmaß im Schneidenradius, welches nur nach dem Aufruf aktiv ist)

Da wir für unsere Übung alle drei Parameter nicht benötigen, können wir nach der Eingabe des Vorschubs den Dialog mit der Taste  beenden.

Nach jedem Werkzeugaufruf sollte die Spindel eingeschaltet werden.

Hierfür geben wir den Befehl M3 (Spindel ein im Uhrzeigersinn) ein.

Dafür können Sie die die Taste M Ihrer Tastatur, oder die Taste M Ihres Programmierplatzes nehmen (diese Taste gibt es nicht auf der Original-Maschinentastatur).

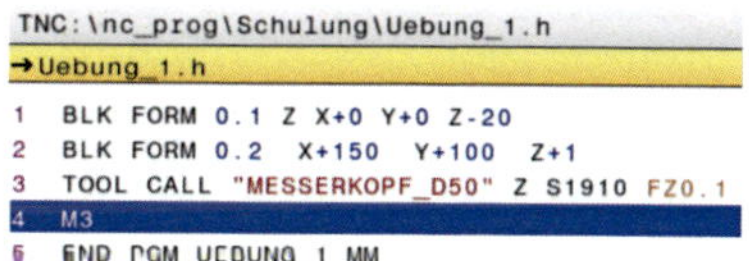

```
TNC:\nc_prog\Schulung\Uebung_1.h
→Uebung_1.h
1 BLK FORM 0.1 Z X+0 Y+0 Z-20
2 BLK FORM 0.2 X+150 Y+100 Z+1
3 TOOL CALL "MESSERKOPF_D50" Z S1910 FZ0.1
4 M3
5 END PGM UEBUNG_1 MM
```

Die Frage „WER“ ist nun geklärt.

Kommen wir zur Frage „WAS“ und somit zur Zyklus-Definition.

Die zentrale Taste zur Definition von Zyklen ist die Taste CYCL DEF .

Nach Betätigung erscheint folgendes Softkey-Menü:

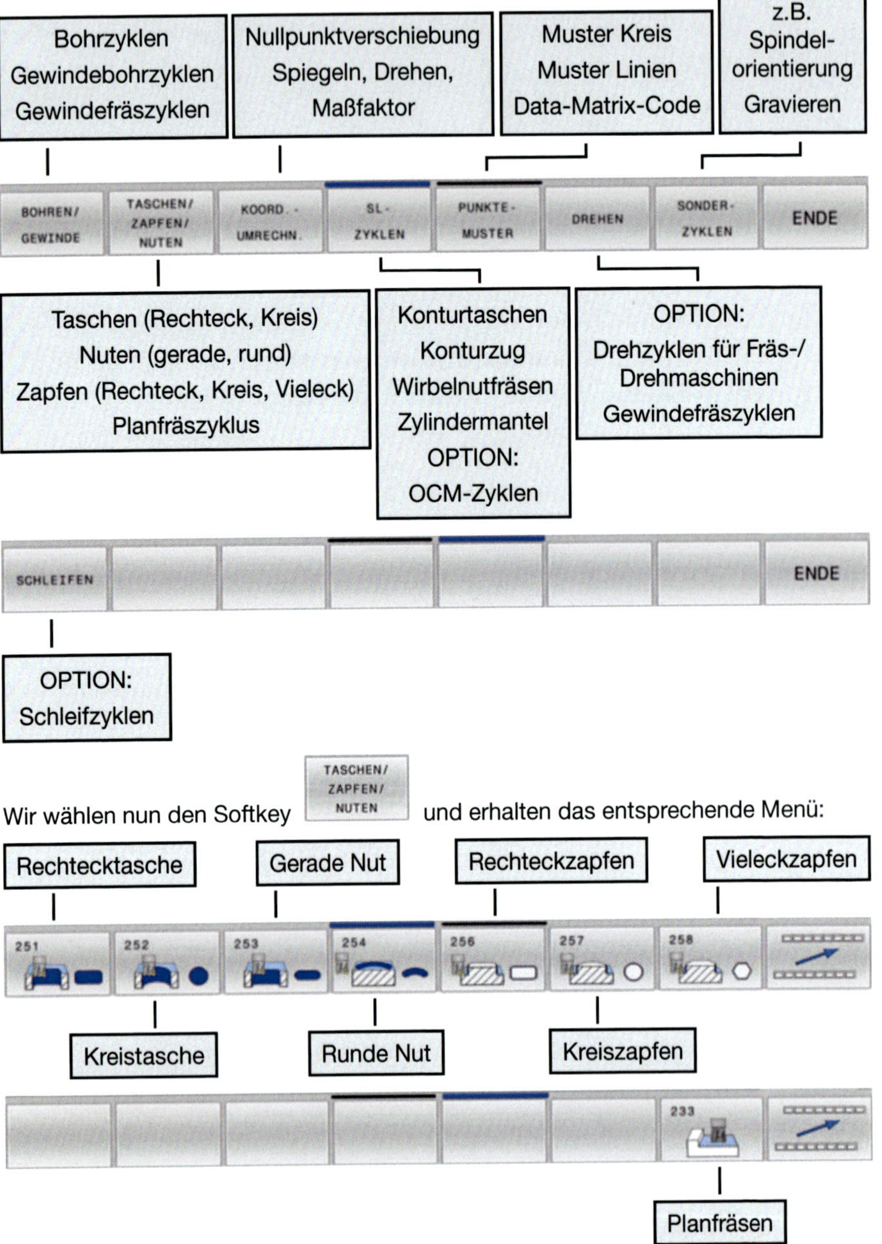

Wir wählen nun den Softkey TASCHEN/ ZAPFEN/ NUTEN und erhalten das entsprechende Menü:

Wir benötigen  .

8.1 Erklärung der Zyklusparameter

Alle modernen HEIDENHAIN-Zyklen sind in der gleichen Struktur aufgebaut.

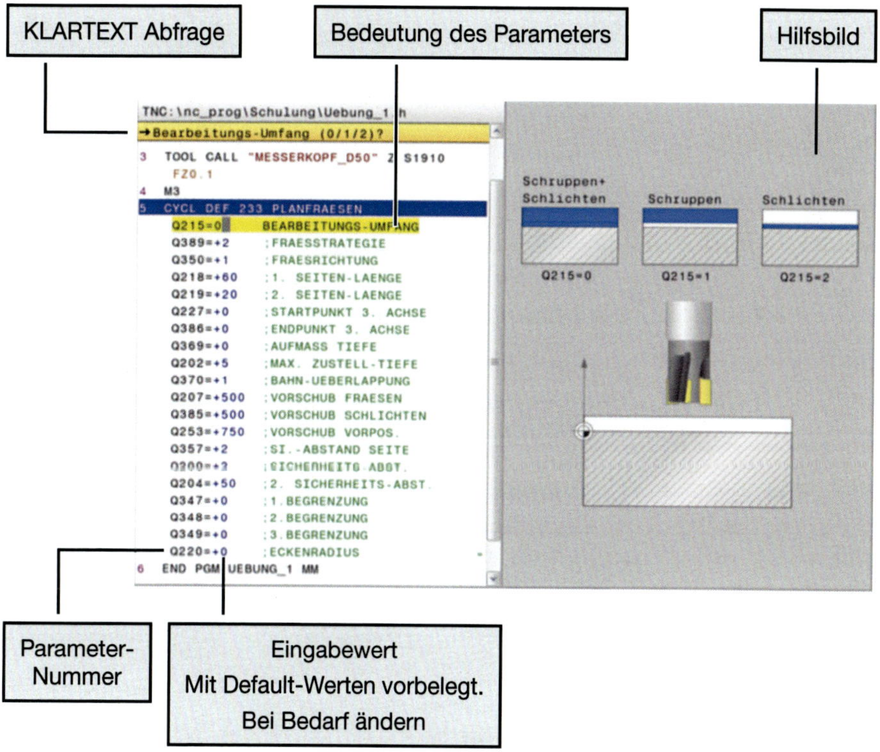

KLARTEXT Abfrage

Bedeutung des Parameters

Hilfsbild

```
TNC:\nc_prog\Schulung\Uebung_1.h
→Bearbeitungs-Umfang (0/1/2)?
3  TOOL CALL "MESSERKOPF_D50" Z S1910
   FZ0.1
4  M3
5  CYCL DEF 233 PLANFRAESEN
     Q215=0      BEARBEITUNGS-UMFANG
     Q389=+2    ;FRAESSTRATEGIE
     Q350=+1    ;FRAESRICHTUNG
     Q218=+60   ;1. SEITEN-LAENGE
     Q219=+20   ;2. SEITEN-LAENGE
     Q227=+0    ;STARTPUNKT 3. ACHSE
     Q386=+0    ;ENDPUNKT 3. ACHSE
     Q369=+0    ;AUFMASS TIEFE
     Q202=+5    ;MAX. ZUSTELL-TIEFE
     Q370=+1    ;BAHN-UEBERLAPPUNG
     Q207=+500  ;VORSCHUB FRAESEN
     Q385=+500  ;VORSCHUB SCHLICHTEN
     Q253=+750  ;VORSCHUB VORPOS.
     Q357=+2    ;SI.-ABSTAND SEITE
     Q200=+2    ;SICHERHEITS-ABST.
     Q204=+50   ;2. SICHERHEITS-ABST.
     Q347=+0    ;1.BEGRENZUNG
     Q348=+0    ;2.BEGRENZUNG
     Q349=+0    ;3.BEGRENZUNG
     Q220=+0    ;ECKENRADIUS
6  END PGM UEBUNG_1 MM
```

Schruppen+ Schlichten — Q215=0
Schruppen — Q215=1
Schlichten — Q215=2

Parameter-Nummer

Eingabewert
Mit Default-Werten vorbelegt.
Bei Bedarf ändern

Die einzelnen Parameter sind bereits mit sogenannten Default-Werten vorbelegt. Diese kann man so übernehmen oder natürlich der jeweiligen Aufgabe entsprechend verändern. So kann man z.B. den Sicherheitsabstand Q200 = 2 in den meisten Fällen übernehmen. Wenn dagegen zum Beispiel die 1. Seitenlänge Q216 = 60 tatsächlich 60 mm ist, wäre das reiner Zufall. Diese Länge muss dann also entsprechend angepasst werden.

8.2 Parameter des Planfräszyklus

Parameter	Bedeutung	Erklärung	Hilfsbild
Q215	Bearbeitungsumfang	0: Schruppen und Schlichten 1: nur Schruppen 2: nur Schlichten Schlichten wird nur ausgeführt, wenn das jeweilige Schlichtaufmaß (Q368, Q369) definiert ist.	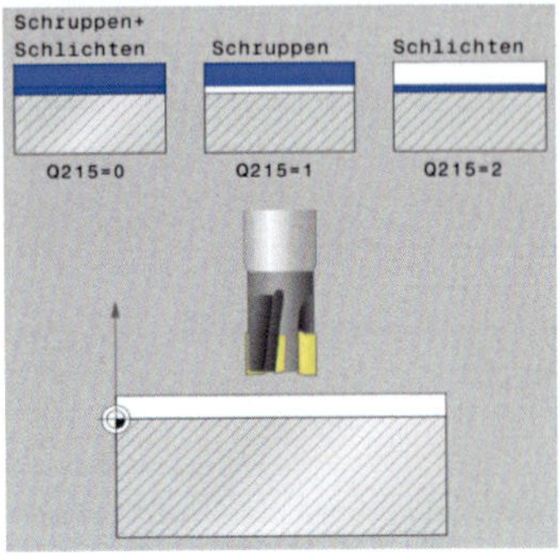
Q389 (fortsetzung auf nächster Seite)	Bearbeitungsstrategie	Festlegen, wie die Steuerung die Fläche bearbeiten soll: 0: Mäanderförmig bearbeiten, seitliche Zustellung im Positioniervorschub außerhalb der zu bearbeitenden Fläche 1: Mäanderförmig bearbeiten, seitliche Zustellung im Fräsvorschub am Rand der zu bearbeitenden Fläche 2: Zeilenweise bearbeiten, Rückzug und seitliche Zustellung im Positioniervorschub außerhalb der zu bearbeitenden Fläche 3: Zeilenweise bearbeiten, Rückzug und seitliche Zustellung im Positioniervorschub am Rand der zu bearbeitenden Fläche	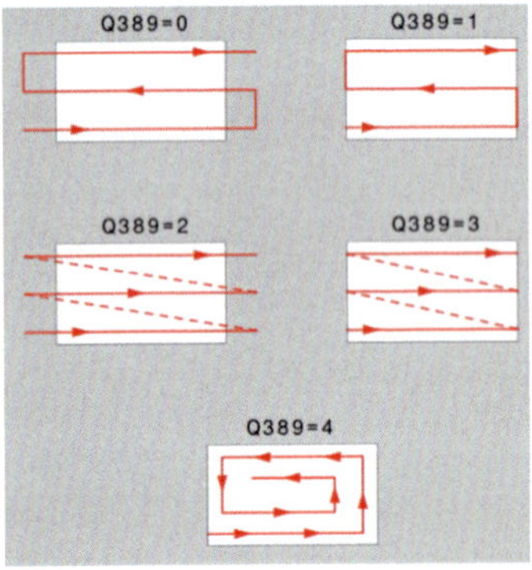

Parameter	Bedeutung	Erklärung	Hilfsbild
Q389	Bearbeitungsstrategie	4: Spiralförmig bearbeiten, gleichmäßige Zustellung von außen nach innen	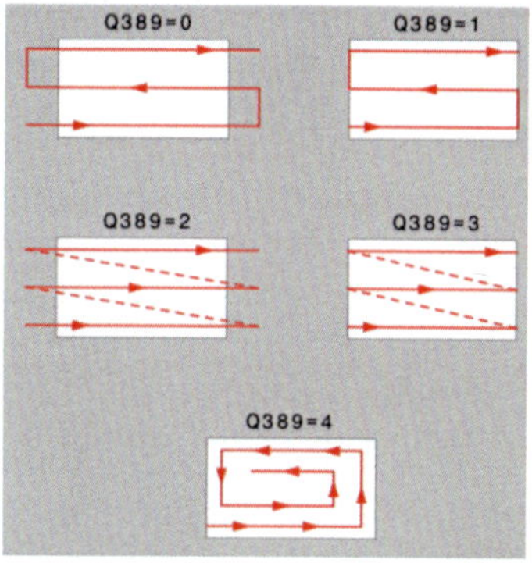
Q350	Fräsrichtung	Achse der Bearbeitungsebene, nach der die Bearbeitung ausgerichtet werden soll: 1: Hauptachse = Bearbeitungsrichtung 2: Nebenachse = Bearbeitungsrichtung	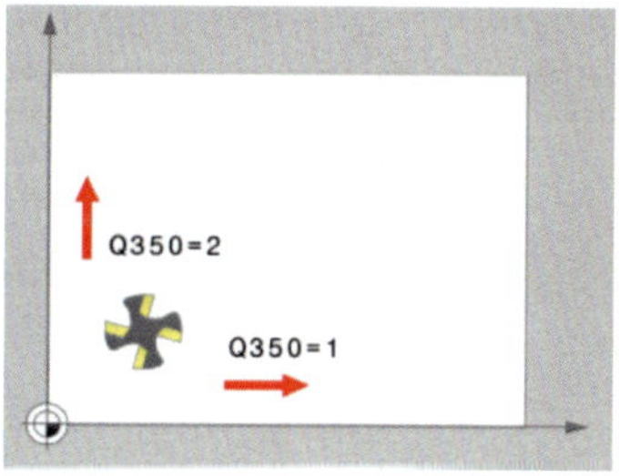
Q218	1. Seitenlänge	(inkremental): Länge der zu bearbeitenden Fläche in der Hauptachse der Bearbeitungsebene, bezogen auf den Startpunkt 1. Achse. Eingabebereich -99999,9999 bis 99999,9999	

Parameter	Bedeutung	Erklärung	Hilfsbild
Q219	2. Seitenlänge	(inkremental): Länge der zu bearbeitenden Fläche in der Nebenachse der Bearbeitungsebene. Über das Vorzeichen können Sie die Richtung der ersten Querzustellung bezogen auf den STARTPUNKT 2. ACHSE festlegen. Eingabebereich -99999,9999 bis 99999,9999	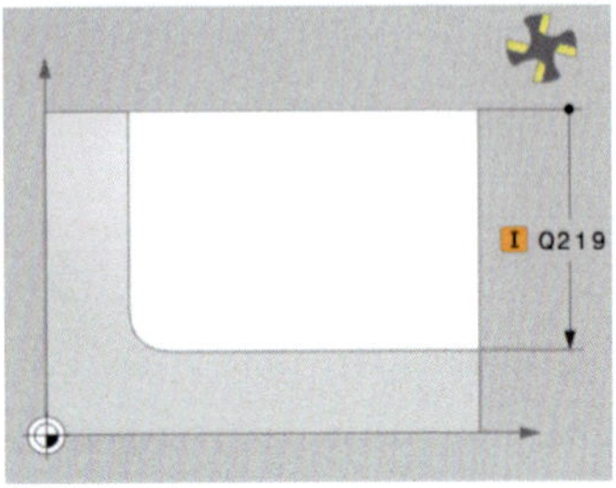 Q219
Q227	Startpunkt 3. Achse	(absolut): Koordinate Werkstück-Oberfläche, von der aus die Zustellungen berechnet werden. Eingabebereich -99999,9999 bis 99999,9999	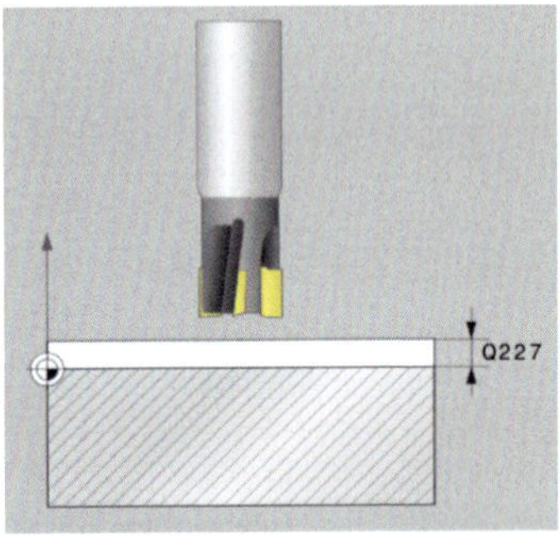 Q227
Q386	Endpunkt 3. Achse	(absolut): Koordinate in der Spindelachse, auf die die Fläche plangefräst werden soll. Eingabebereich -99999,9999 bis 99999,9999	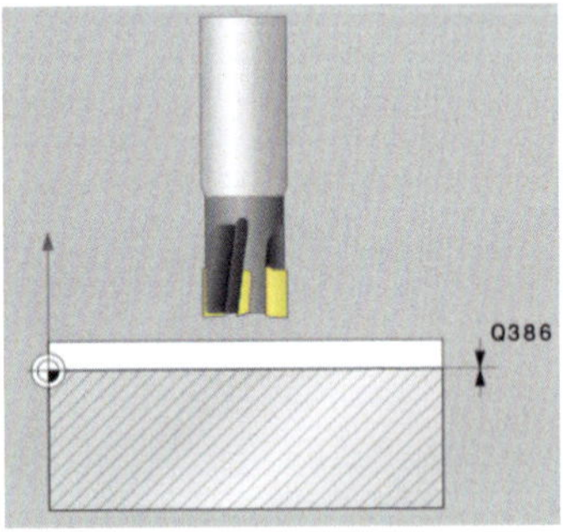 Q386

Parameter	Bedeutung	Erklärung	Hilfsbild
Q369	Aufmaß-tiefe	(inkremental): Wert, mit dem die letzte Zustellung verfahren werden soll. Eingabebereich 0 bis 99999,9999	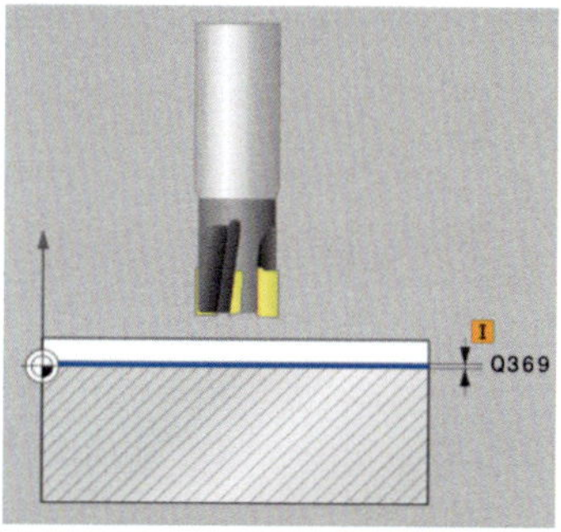
Q202	Maximale Zustelltiefe	(inkremental): Maß, um welches das Werkzeug jeweils zugestellt wird; Wert größer 0 eingeben. Eingabebereich 0 bis 99999,9999	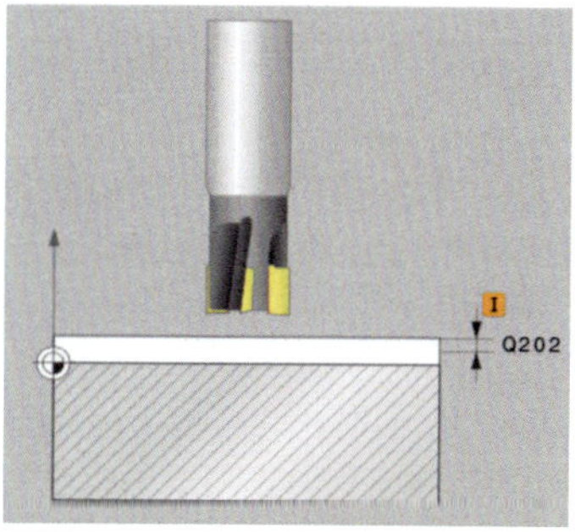
Q370	Bahn-Überlappung Faktor	Maximale seitliche Zustellung k. Die Steuerung berechnet die tatsächliche seitliche Zustellung aus der 2. Seitenlänge (Q219) und dem Werkzeug-Radius so, dass jeweils mit konstanter seitlicher Zustellung bearbeitet wird. Eingabebereich: 0,1 bis 1,9999	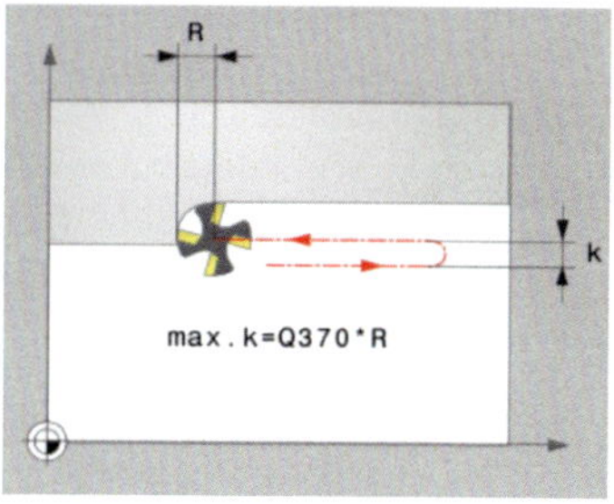

Parameter	Bedeutung	Erklärung	Hilfsbild
Q207	Vorschub Fräsen	Verfahrgeschwindigkeit des Werkzeugs beim Fräsen in mm/min. Eingabebereich 0 bis 99999,999, alternativ FAUTO, FU, FZ	
Q385	Vorschub Schlichten	Verfahrgeschwindigkeit des Werkzeugs beim Fräsen der letzten Zustellung in mm/min. Eingabebereich 0 bis 99999,9999, alternativ FAUTO, FU, FZ	
Q253	Vorschub Vorpositionieren	Verfahrgeschwindigkeit des Werkzeugs beim Anfahren der Startposition und beim Fahren auf die nächste Zeile in mm/min; wenn Sie die zu bearbeitende Fläche s Spiralförmig bearbeiten, gleichmäßige Zustellung von außen nach innen im Material quer fahren (Q389=1), dann fährt die Steuerung die Querzustellung mit Fräsvorschub Q207. Eingabebereich 0 bis 99999,9999, alternativ FMAX, FAUTO	

Parameter	Bedeutung	Erklärung	Hilfsbild
Q357	Sicherheits-abstand Seite	(inkremental): arameter Q357 hat Einfluss auf folgende Situationen: Anfahren der ersten Zustelltiefe: Q357 ist der seitliche Abstand des Werkzeugs vom Werkstück Schruppen mit den Frässtrategien Q389=0-3: Die zu bearbeitende Fläche wird in Q350 FRAESRICHTUNG um den Wert aus Q357 vergrößert, sofern in dieser Richtung keine Begrenzung gesetzt ist. Schlichten Seite: Die Bahnen werden um Q357 in Q350 FRAESRICHTUNG verlängert. Eingabebereich 0 bis 99999,9999	
Q200	Sicherheits-abstand	(inkremental): bstand zwischen Werkzeugspitze und Werkstückoberfläche. Eingabebereich 0 bis 99999,9999	

Parameter	Bedeutung	Erklärung	Hilfsbild
Q204	2. Sicherheitsabstand	(inkremental): Koordinate Spindelachse, in der keine Kollision zwischen Werkzeug und Werkstück (Spannmittel) erfolgen kann. Eingabebereich 0 bis 99999,9999, alternativ	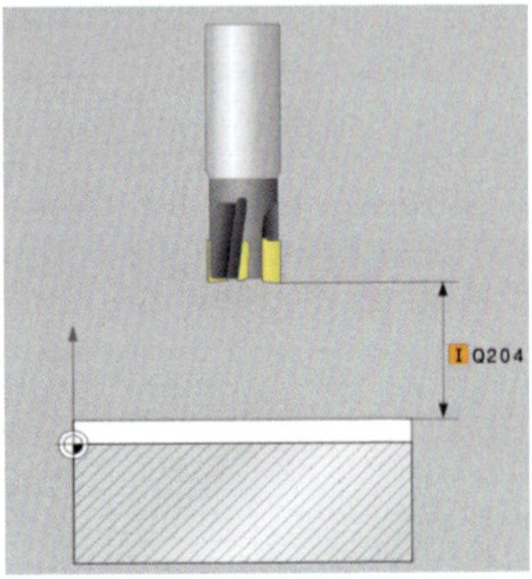 I Q204
Q347	1. Begrenzung	Werkstückseite auswählen, an der die Planfläche durch eine Seitenwand begrenzt wird (nicht bei spiralförmiger Bearbeitung möglich). Je nach Lage der Seitenwand begrenzt die Steuerung die Bearbeitung der Planfläche auf die entsprechende Startpunkt-Koordinate oder Seitenlänge: (nicht bei spiralförmiger Bearbeitung möglich): Eingabe 0: keine Begrenzung. Eingabe -1: Begrenzung in negativer Hauptachse. Eingabe +1: Begrenzung in positiver Hauptachse. Eingabe -2: Begrenzung in negativer Nebenachse. Eingabe +2: Begrenzung in positiver Nebenachse	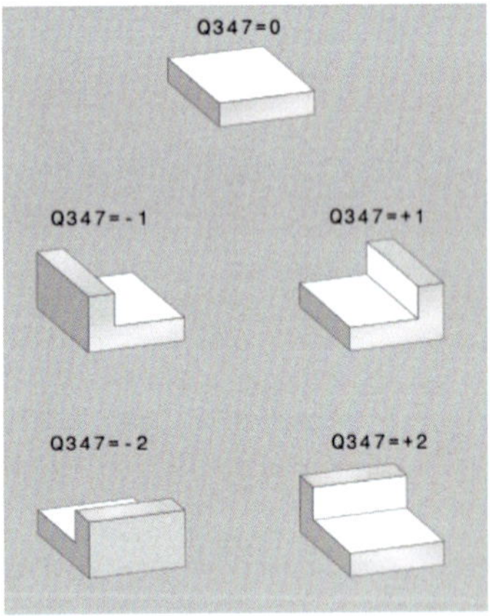 Q347=0 Q347=-1 Q347=+1 Q347=-2 Q347=+2

Parameter	Bedeutung	Erklärung	Hilfsbild
Q348	2. Begrenzung	Siehe Parameter 1. Begrenzung Q347	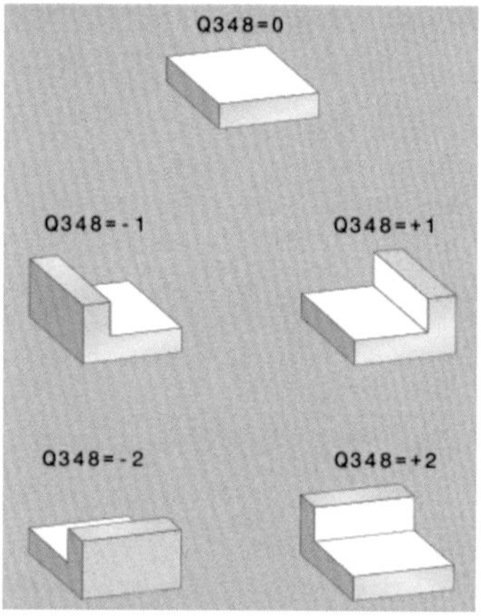
Q349	3. Begrenzung	Siehe Parameter 1. Begrenzung Q347	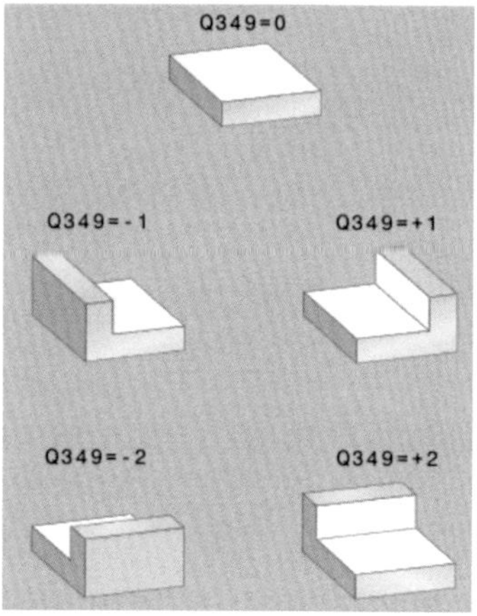
Q220	Eckenradius	Radius für Ecke an Begrenzungen (Q347 – Q349). Eingabebereich 0 bis 99999,9999	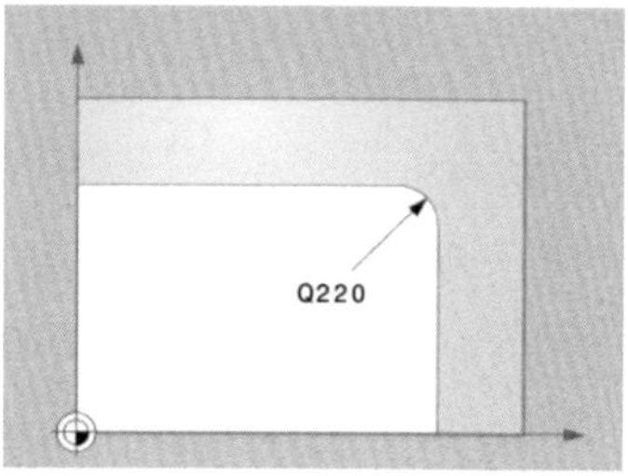

Parameter	Bedeutung	Erklärung	Hilfsbild
Q368	Aufmaß Seite	(inkremental): chlichtaufmaß in der Bearbeitungsebene. Eingabebereich 0 bis 99999,9999	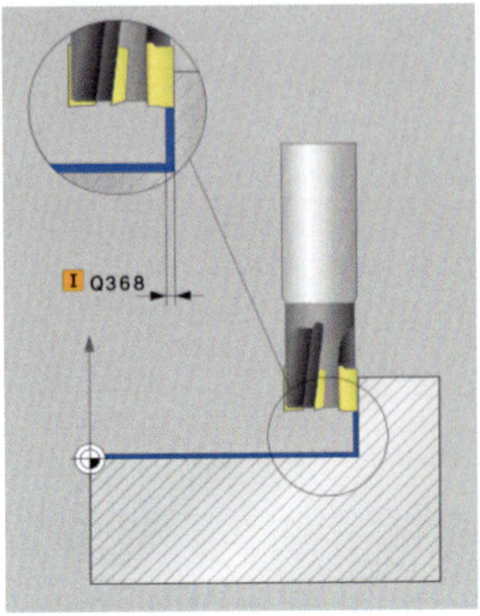
Q338	Zustellung Schlichten	(inkremental): Maß, um welches das Werkzeug in der Spindelachse beim Schlichten zugestellt wird. Q338=0: Schlichten in einer Zustellung. Eingabebereich 0 bis 99999,9999	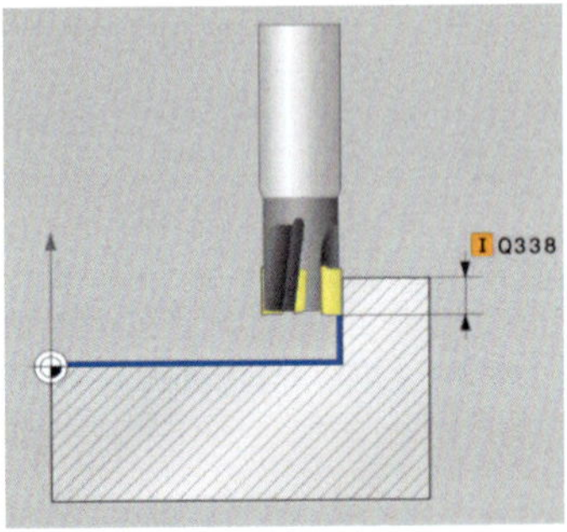
Q367	Flächenlage	Lage der Fläche, bezogen auf die Position des Werkzeugs beim Zyklusaufruf: -1: Werkzeugposition = aktuelle Position 0: Werkzeugposition = Zapfenmitte 1: Werkzeugposition = Linke untere Ecke 2: Werkzeugposition = Rechte untere Ecke 3: Werkzeugposition = Rechte obere Ecke 4: Werkzeugposition = Linke obere Ecke	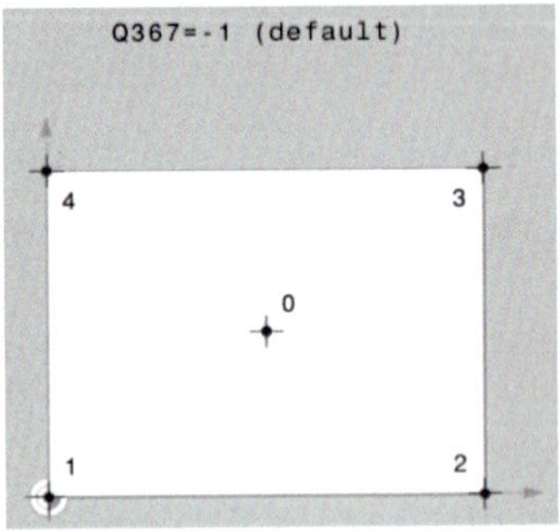

Für unsere Übung sollten folgende Werte eingesetzt werden:

```
CYCL DEF 233 PLANFRAESEN
  Q215=+1     ;BEARBEITUNGS-UMFANG
  Q389=+2     ;FRAESSTRATEGIE
  Q350=+1     ;FRAESRICHTUNG
  Q218=+150   ;1. SEITEN-LAENGE
  Q219=+100   ;2. SEITEN-LAENGE
  Q227=+1     ;STARTPUNKT 3. ACHSE
  Q386=+0     ;ENDPUNKT 3. ACHSE
  Q369=+0     ;AUFMASS TIEFE
  Q202=+1     ;MAX. ZUSTELL-TIEFE
  Q370=+1.5   ;BAHN-UEBERLAPPUNG
  Q207= AUTO  ;VORSCHUB FRAESEN
  Q385=+500   ;VORSCHUB SCHLICHTEN
  Q253= MAX  ;VORSCHUB VORPOS.
  Q357=+2     ;SI.-ABSTAND SEITE
  Q200=+2     ;SICHERHEITS-ABST.
  Q204=+2     ;2. SICHERHEITS-ABST.
  Q347=+0     ;1.BEGRENZUNG
  Q348=+0     ;2.BEGRENZUNG
  Q349=+0     ;3.BEGRENZUNG
  Q220=+0     ;ECKENRADIUS
  Q368=+0     ;AUFMASS SEITE
  Q338=+0     ;ZUST. SCHLICHTEN
  Q367=-1     ;FLAECHENLAGE
```

Das AUTO in Q207 übernimmt den Vorschub, der im TOOL CALL programmiert wurde.

Abschließend geht es noch um die Frage „Wo?" und damit um den Zyklusaufruf.

Es gibt insgesamt fünf Arten, Zyklen aufzurufen, die in unterschiedlichen Anwendungsfällen jeweils ihre Vorzüge haben. Hier zunächst die Übersicht:

8.3 Zyklusaufruf mit CYCL CALL

Die Funktion CYCL CALL ruft den zuletzt definierten Bearbeitungszyklus einmal auf. Startpunkt des Zyklus ist die zuletzt vor dem CYCL CALL-Satz programmierte Position.

Gehen Sie wie folgt vor:

Softkey CYCLE CALL M drücken, ggf. Zusatzfunktion M eingeben (z.B. M3, um die Spindel einzuschalten).

8.4 Zyklusaufruf mit CYCL CALL PAT

Die Funktion CYCL CALL PAT ruft den zuletzt definierten Bearbeitungszyklus an allen Positionen auf, die Sie in einer Musterdefinition PATTERN DEF oder in einer Punktetabelle definiert haben.

Gehen Sie wie folgt vor:

Taste CYCL CALL drücken,

Softkey CYCLE CALL PAT drücken. Ergänzen Sie den Vorschub, mit dem positioniert werden soll.

Mit der Taste END den Dialog beenden.

8.5 Zyklusaufruf mit CYCL CALL POS

Die Funktion CYCL CALL POS ruft den zuletzt definierten Bearbeitungszyklus einmal auf. Startpunkt des Zyklus ist die Position, die Sie im CYCL CALL POS-Satz definiert haben. Die Steuerung fährt die im CYCL CALL POS-Satz angegebene Position mit Positionierlogik an: Wenn die aktuelle Werkzeugposition in der Werkzeugachse größer als die Oberkante des Werkstücks (Q203) ist, dann positioniert die Steuerung zuerst in der Bearbeitungsebene auf die programmierte Position und anschließend in der Werkzeugachse. Wenn die aktuelle Werkzeugposition in der Werkzeugachse unterhalb der Oberkante des Werkstücks (Q203) liegt, dann positioniert die Steuerung zuerst in der Werkzeugachse auf die sichere Höhe und anschließend in der Bearbeitungsebene auf die programmierte Position.

Programmier- und Bedienhinweis:

Im CYCL CALL POS-Satz müssen immer drei Koordinatenachsen programmiert sein. Über die Koordinate in der Werkzeugachse können Sie auf einfache Weise die Startposition verändern. Dies wirkt wie eine zusätzliche Nullpunktverschiebung. Der im CYCL CALL POS-Satz definierte Vorschub gilt nur zum Anfahren der in diesem NC-Satz programmierten Startposition. Die Steuerung fährt die im CYCL CALL POS-Satz definierte Position grundsätzlich mit inaktiver Radiuskorrektur (R0) an. Wenn Sie mit CYCL CALL POS einen Zyklus aufrufen, in dem eine Startposition definiert ist (z.B. Zyklus 212), dann wirkt die im Zyklus definierte Position wie eine zusätzliche Verschiebung auf die im CYCL CALL POS-Satz definierte Position. Sie sollten daher die im Zyklus festzulegende Startposition immer mit 0 definieren.

Gehen Sie wie folgt vor:

Taste 

drücken,

Softkey CYCLE CALL POS drücken. Ergänzen Sie alle drei Koordinaten (X, Y, Z) und den Vorschub mit dem positioniert werden soll.

Mit der Taste 

den Dialog beenden.

8.6 Zyklusaufruf mit M99/M89

Die satzweise wirksame Funktion M99 ruft den zuletzt definierten Bearbeitungszyklus einmal auf. M99 können Sie am Ende eines Positioniersatzes programmieren, die Steuerung fährt dann auf diese Position und ruft anschließend den zuletzt definierten Bearbeitungszyklus auf.

Wenn die Steuerung den Zyklus nach jedem Positioniersatz automatisch ausführen soll, programmieren Sie den ersten Zyklusaufruf mit M89. Um die Wirkung von M89 aufzuheben, gehen Sie wie folgt vor: Programmieren von M99 im Positoniersatz, oder neuen Bearbeitungszyklus mit CYCL DEF definieren.

Wir werden in unserer Übung die Variante mit M99 verwenden, da wir sie im Positioniersatz integrieren können.

Stellt sich nur noch die Frage, wie man positioniert?

Wir positionieren immer mit einer geradlinigen Bewegung und im Regelfall im Eilgang.

Geradliniges, oder lineares Verfahren können wir mit der Bahnfunktion Linear

über die Taste L aufrufen.

Diese öffnet den Programmierdialog und fragt zunächst nach den Koordinaten

Ergänzen Sie die Koordinate und wechseln Sie zur nächsten Achse mit .

Sie müssen hier nur in X und Y vorpositionieren, da die Z-Werte (Start- und Endpunkt 3. Achse) im Zyklus stehen.

Wir positionieren in unserem Beispiel auf X0 und Y0, da von dieser Koordinate aus die 1. Seitenlänge (Q218=150) und die 2. Seitenlänge (Q219=100) beschrieben sind und die Flächenlage mit Q367=-1 (aktuelle Position) beschrieben wurde.

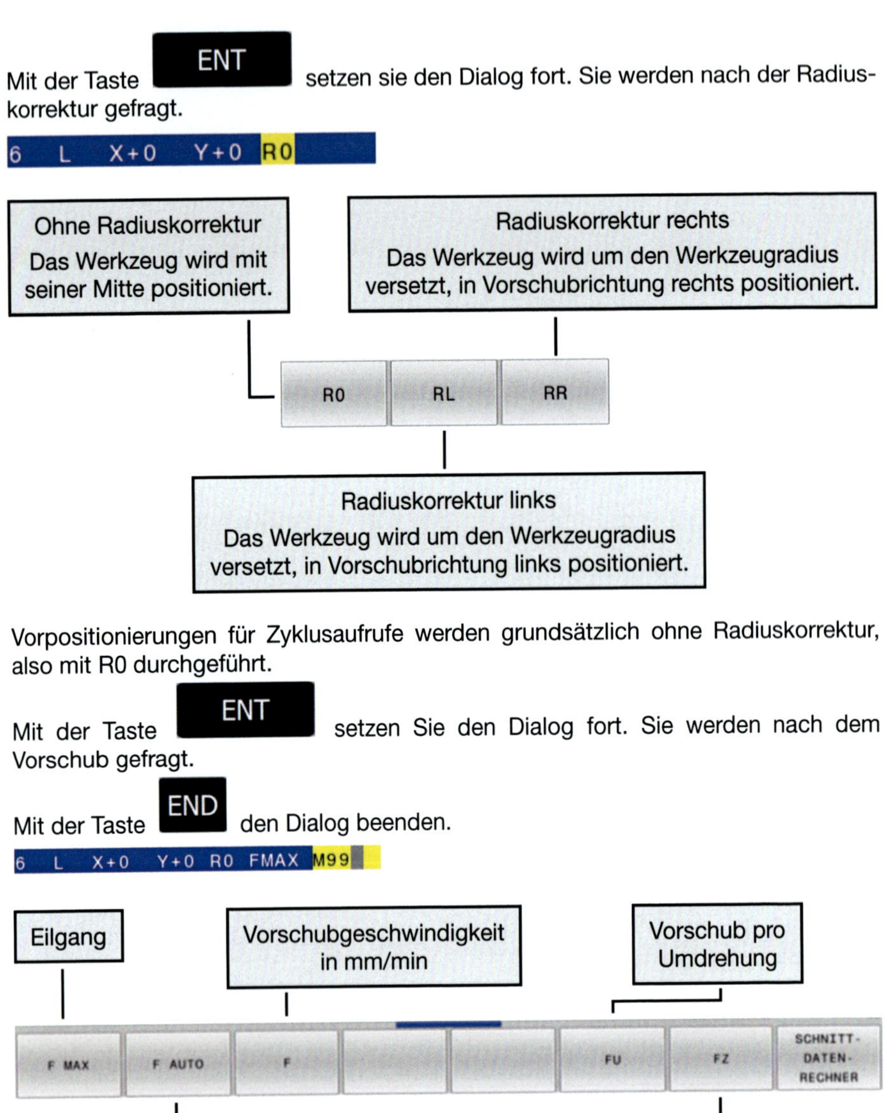

Mit der Taste ENT setzen sie den Dialog fort. Sie werden nach der Radiuskorrektur gefragt.

Vorpositionierungen für Zyklusaufrufe werden grundsätzlich ohne Radiuskorrektur, also mit R0 durchgeführt.

Mit der Taste ENT setzen Sie den Dialog fort. Sie werden nach dem Vorschub gefragt.

Mit der Taste END den Dialog beenden.

Vorpositionierungen für Zyklusaufrufe werden im Regelfall im Eilgang durchgeführt.

Mit der Taste ENT setzen Sie den Dialog fort. Sie werden nach bis zu zwei M-Funktionen gefragt. Hier nutzen wir nun die Funktion M99 zum satzweisen Zyklusaufruf.

Da wir das Programm für die erste Übung beenden werden, schreiben wir noch einen Schlusssatz ins Programm, in welchem wir auf eine sichere Höhe fahren, die wir in unserem Beispiel mit 100 mm annehmen. Mit dem Befehl M30 signalisieren wir das Programmende und verursachen einen automatischen Rücksprung an den Programmanfang.

```
6  L  X+0  Y+0  R0  FMAX  M99
7  L  Z+100  R0  FMAX  M30
8  END  PGM  UEBUNG_1  MM
```

Das Ergebnis unseres Programms können wir nun simulieren.

9 Simulation

Zum Simulieren unseres Programms wechseln wir in die Betriebsart Programmtest

Die Bildschirmaufteilung stellen wir mit der Taste und dem Softkey so ein, dass wir auf der linken Seite das Programm sehen und auf der rechten Seite das Werkstück.

Unser Programm ist nicht automatisch geladen, daher müssen wir es über die Taste aus dem Programmmanagement laden. Wählen Sie über die Tasten

den richtigen Ordner und das richtige Programm aus und bestätigen Sie mit .

Einstellmöglichkeiten im Programmtest:

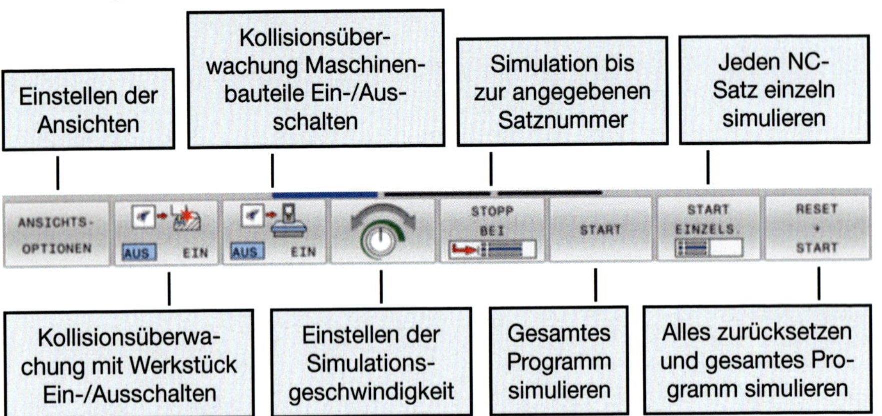

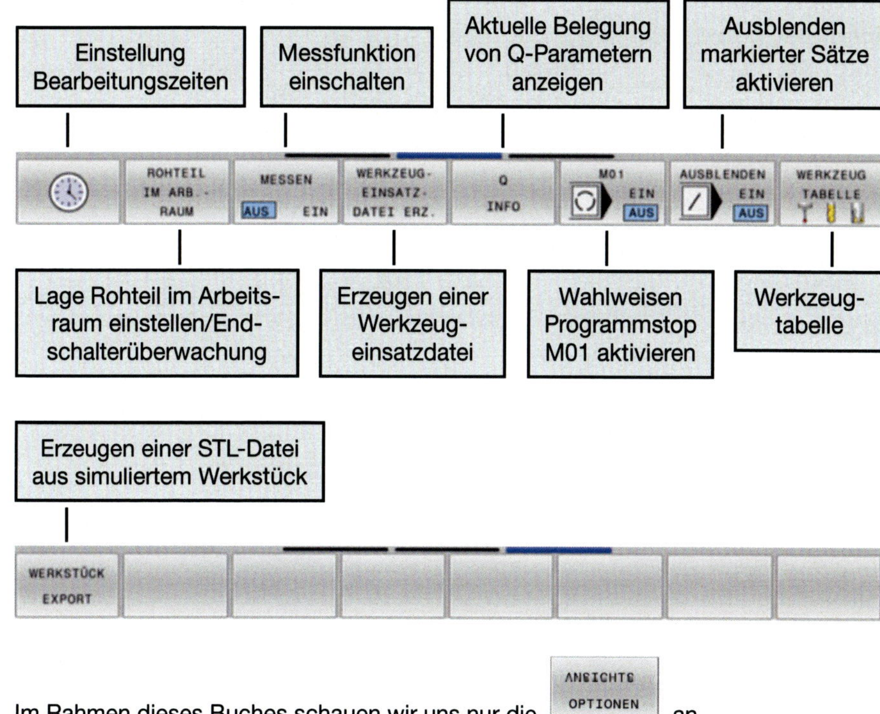

Im Rahmen dieses Buches schauen wir uns nur die ANSICHTS OPTIONEN an.

Die dargestellten Softkey Menüs 1 und 2 zeigen die Einstellungen, die der Simulationsansicht entsprechen, die für das Buch gewählt wurden.

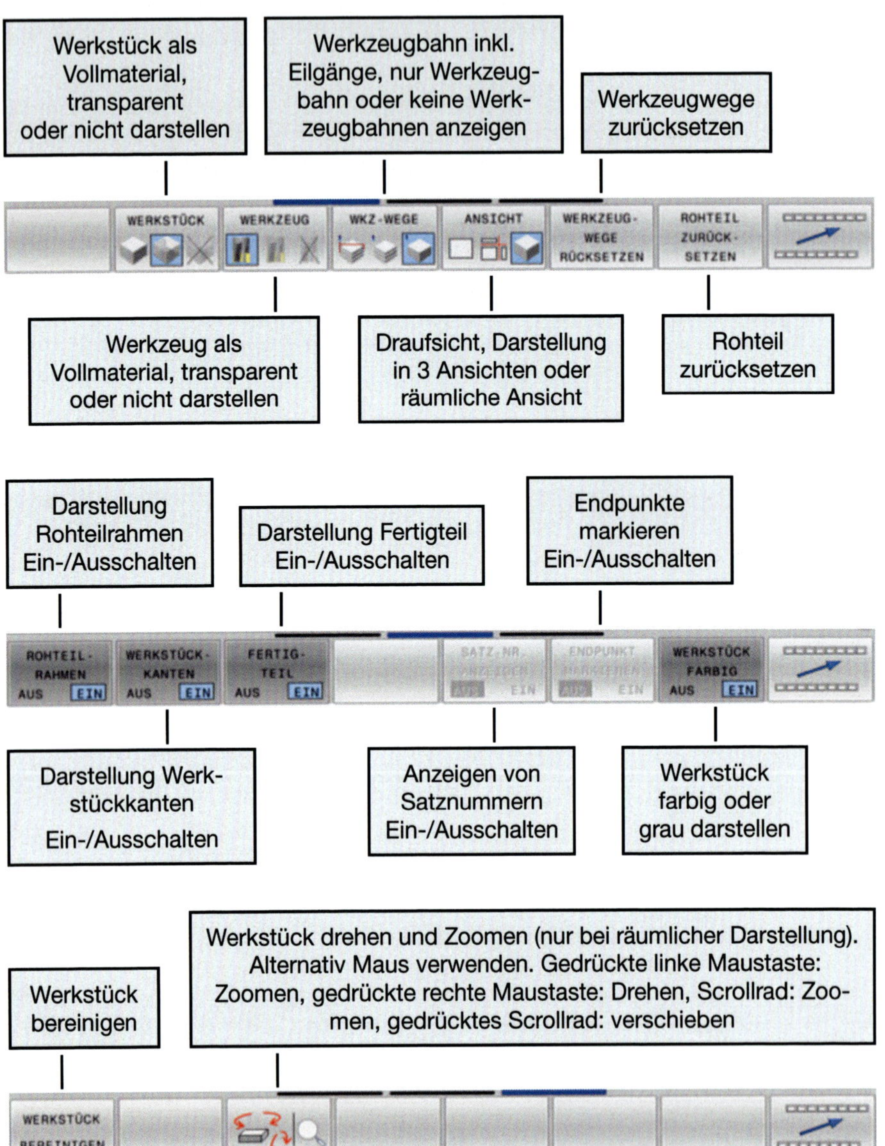

Über den Softkey kann die Simulationsgeschwindigkeit eingestellt werden:

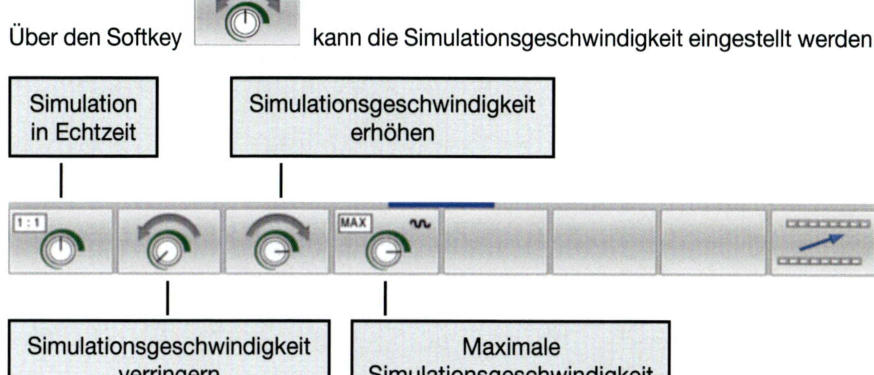

Wir starten nun unsere Simulation mit dem Softkey RESET + START.

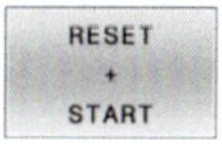

Screenshot Simulation Übung 1:

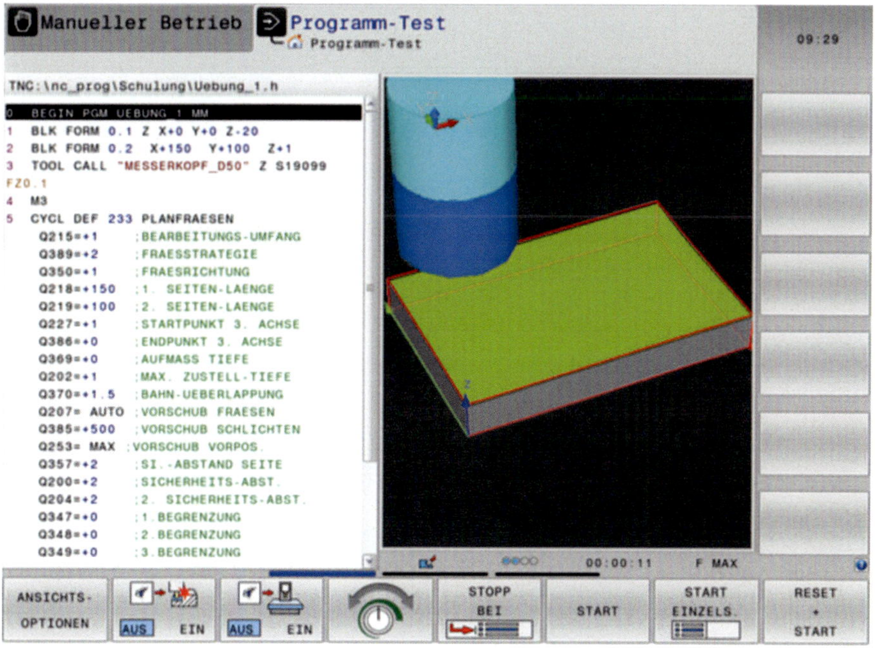

```
0  BEGIN PGM UEBUNG_1 MM
1  BLK FORM 0.1 Z X+0 Y+0 Z-20
2  BLK FORM 0.2  X+150  Y+100  Z+1
3  TOOL CALL "MESSERKOPF_D50" Z S19099
FZ0.1
4  M3
5  CYCL DEF 233 PLANFRAESEN
    Q215=+1      ;BEARBEITUNGS-UMFANG
    Q389=+2      ;FRAESSTRATEGIE
    Q350=+1      ;FRAESRICHTUNG
    Q218=+150    ;1. SEITEN-LAENGE
    Q219=+100    ;2. SEITEN-LAENGE
    Q227=+1      ;STARTPUNKT 3. ACHSE
    Q386=+0      ;ENDPUNKT 3. ACHSE
    Q369=+0      ;AUFMASS TIEFE
    Q202=+1      ;MAX. ZUSTELL-TIEFE
    Q370=+1.5    ;BAHN-UEBERLAPPUNG
    Q207= AUTO   ;VORSCHUB FRAESEN
    Q385=+500    ;VORSCHUB SCHLICHTEN
    Q253= MAX    ;VORSCHUB VORPOS.
    Q357=+2      ;SI.-ABSTAND SEITE
    Q200=+2      ;SICHERHEITS-ABST.
    Q204=+2      ;2. SICHERHEITS-ABST.
    Q347=+0      ;1.BEGRENZUNG
    Q348=+0      ;2.BEGRENZUNG
    Q349=+0      ;3.BEGRENZUNG
```

10 Übung 2: Bohren

Im nächsten Schritt ergänzen wir unser Programm um Bohrbearbeitung.

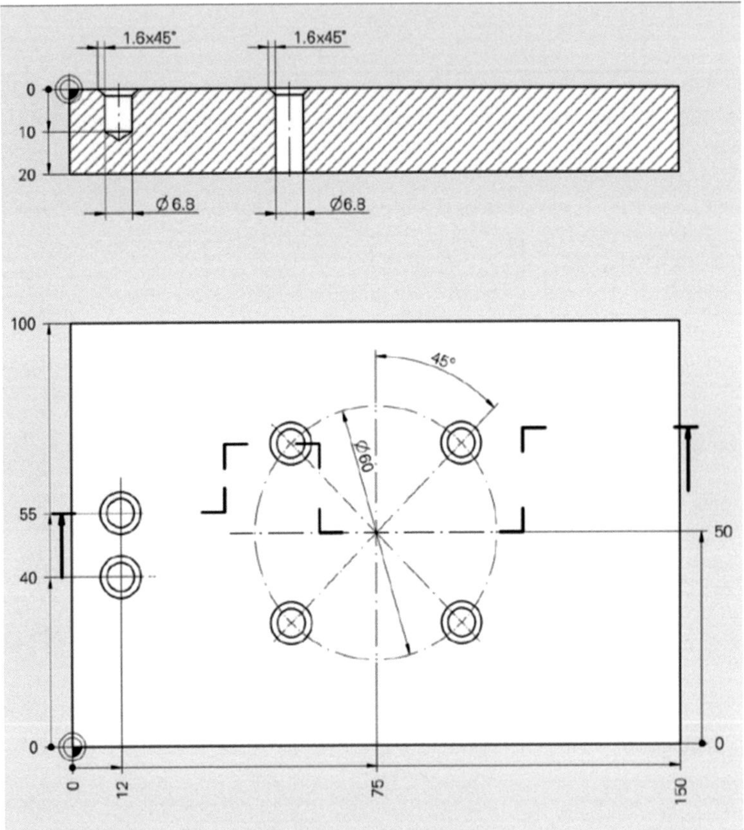

Hierzu kopieren wir unser Programm Uebung_1.h und speichern es als Uebung_2.h ab. Anschließend rufen wir Uebung_2.h auf, um in diesem Programm weiterzuarbeiten.

Gehen Sie hierzu folgendermaßen vor:

1. In die Betriebsart Programmieren wechseln.
2. Das Programmmanagement aufrufen.
3. Softkey Kopieren drücken.

4. Im Überblendfenster den Namen der Zieldatei in Uebung_2.h ändern.

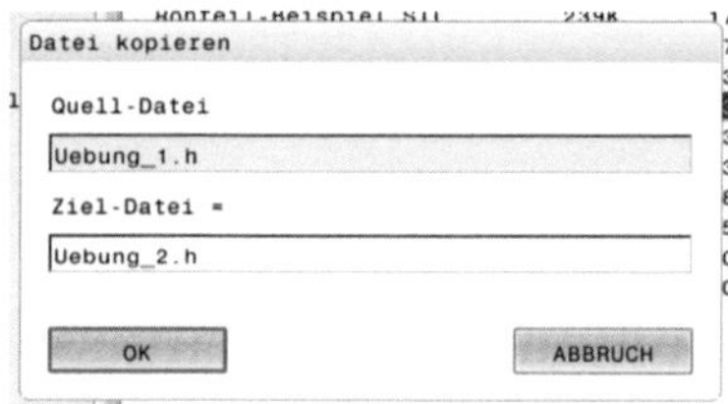

5. Uebung_2.h anwählen und mit Enter bestätigen.

Arbeitsplan:

Arbeitsschritt	Werkzeugname	Durchmesser (mm)	F (mm/min)	S (U/min)
Zentrieren	NC_ANBOHRER_D12	12	400	4000
Bohren	BOHRER_D6-8	6,8	600	3500

Die Vorgehensweise wird nun wieder die gleiche sein, wie beim Planfräsen. Das heißt, dass wir für jede Bearbeitung die Fragen WER, WAS, WO beantworten, also:

1. Werkzeugaufruf (TOOL CALL) mit anschließendem Einschalten der Spindel über M3
2. Definition des Bearbeitungszyklus
3. Vorpositionierung des Werkzeugs auf der Bearbeitungsposition und Aufruf des zuletzt programmierten Zyklus.

Zyklen zum Bohren, Gewindebohren und Gewindefräsen:

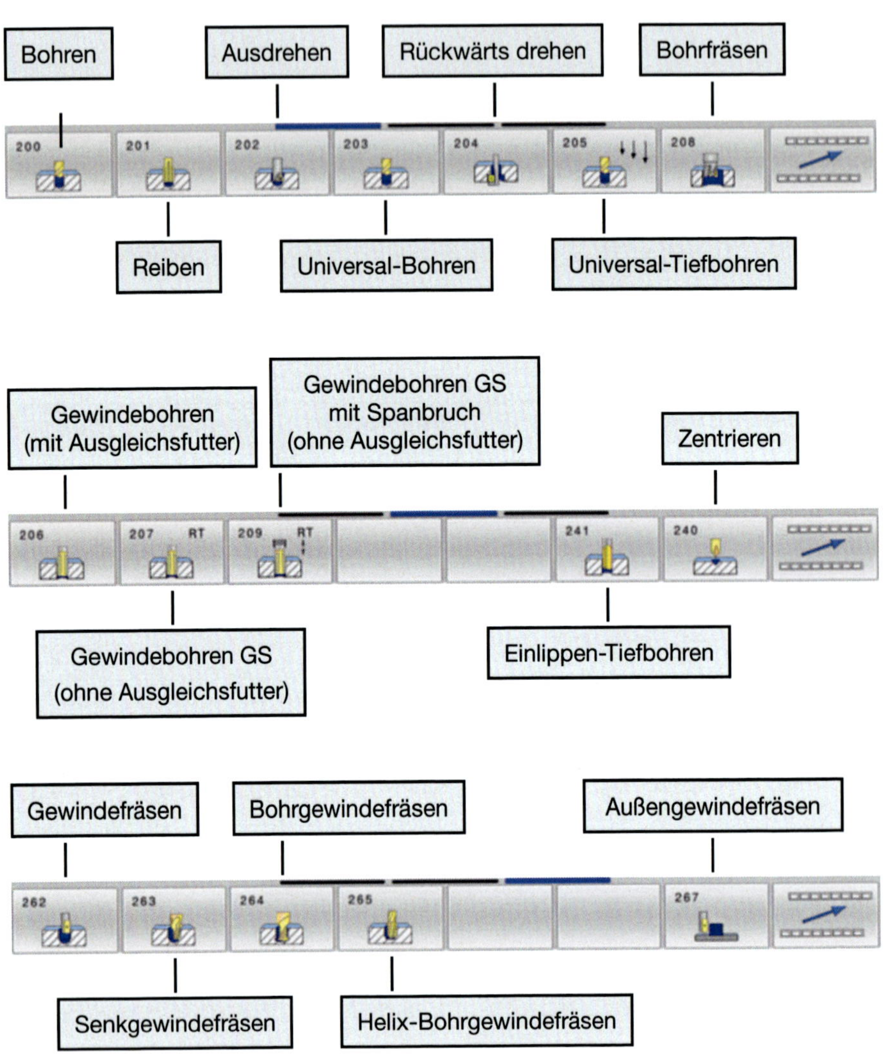

Zum Zentrieren verwenden wir den Zyklus 240 „Zentrieren“ [240] .

Parameter	Bedeutung	Erklärung	Hilfsbild
Q200	Sicherheits-abstand	(inkremental): Abstand zwischen Werkzeugspitze und Werkstückoberfläche. Eingabebereich 0 bis 99999,9999	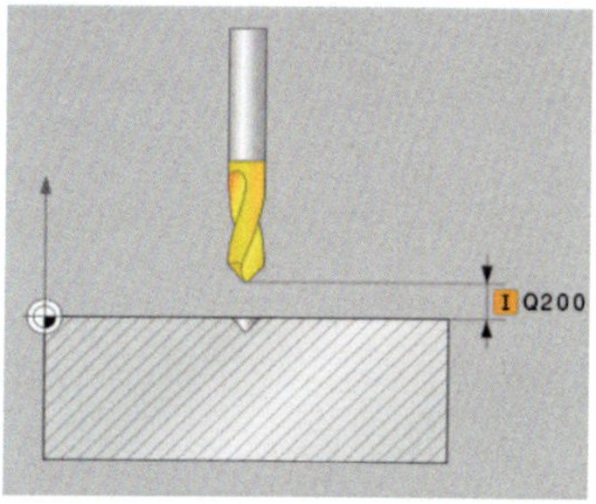
Q343	Auswahl Durch-messer, oder Tiefe	Auswahl, ob auf eingegebenen Durchmesser oder auf eingegebene Tiefe zentriert werden soll. Wenn die Steuerung auf den eingegebenen Durchmesser zentrieren soll, müssen Sie den Spitzenwinkel des Werkzeugs in der Spalte T-Angle der Werkzeugtabelle TOOL.T definieren. 0: Auf eingegebene Tiefe zentrieren 1: Auf eingegebenen Durchmesser zentrieren	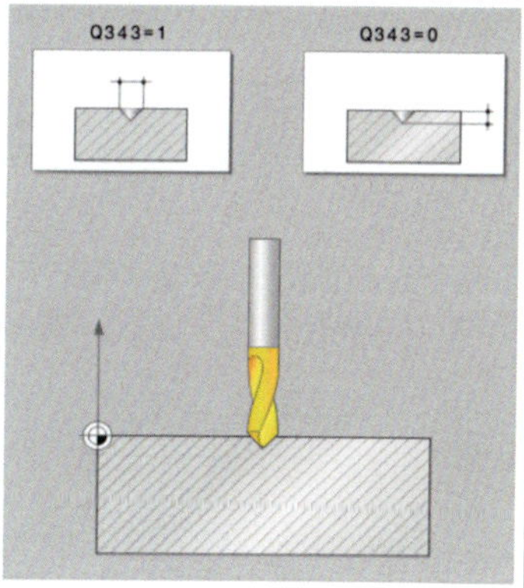

Parameter	**Bedeutung**	**Erklärung**	**Hilfsbild**
Q201	Tiefe	(inkremental): bstand Werkstück-oberfläche – Zentriergrund (Spitze des Zentrierkegels). Nur wirksam, wenn Q343=0 definiert ist. Eingabebereich -99999,9999 bis 99999,9999	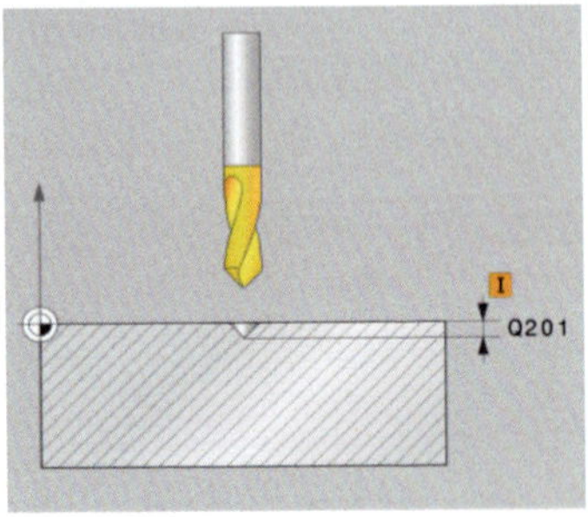 I Q201
Q344	Durch-messer	Zentrierdurchmesser. Nur wirksam, wenn Q343=1 definiert ist. Eingabebereich -99999,9999 bis 99999,9999	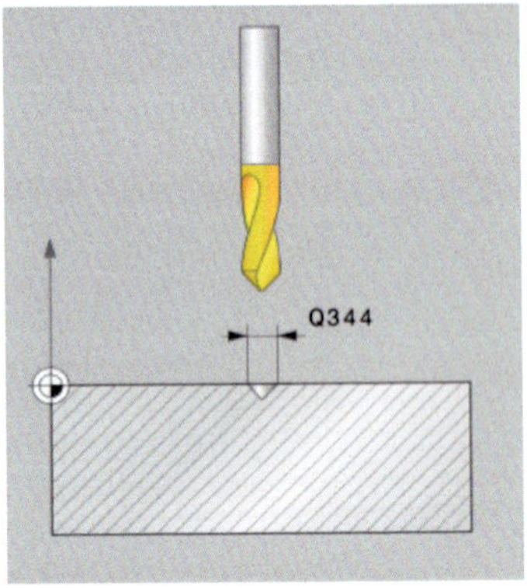 Q344
Q206	Vorschub Tiefen-zustellung	Verfahrgeschwindig-keit des Werkzeugs beim Zentrieren in mm/min. Eingabebereich 0 bis 99999,999, alternativ FAUTO, FU	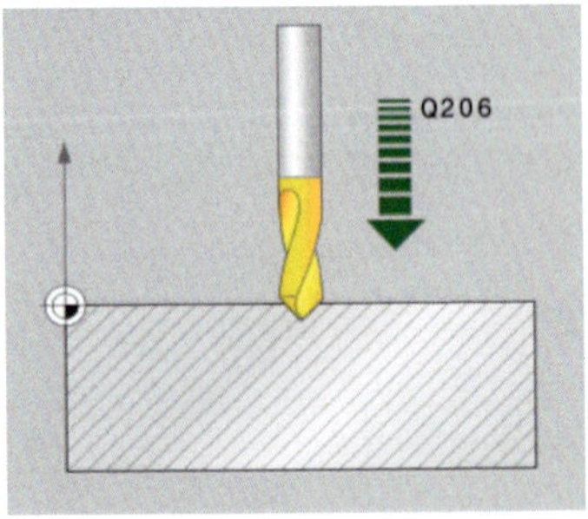 Q206

Parameter	Bedeutung	Erklärung	Hilfsbild
Q211	Verweilzeit unten	Zeit in Sekunden, die das Werkzeug am Bohrungsgrund verweilt. Eingabebereich 0 bis 3600,0000	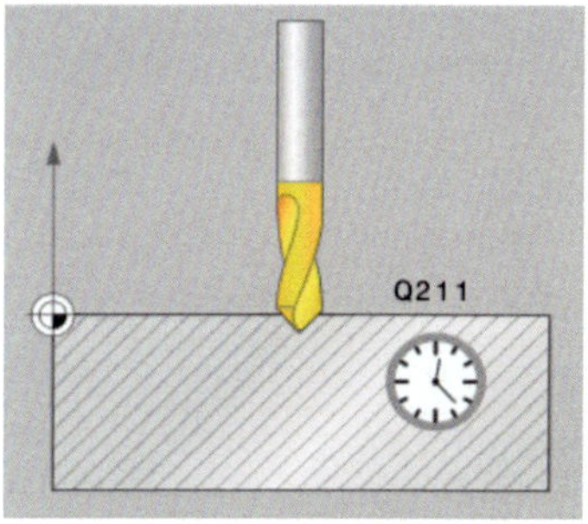 Q211
Q203	Koordinaten Werkstück-oberfläche	(absolut): Koordinate der Werkstückoberfläche in Bezug auf den aktiven Bezugs-punkt. Eingabebereich -99999,9999 bis 99999,9999	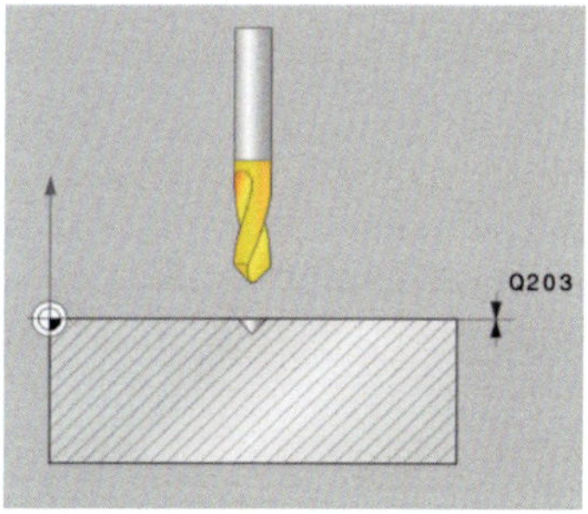 Q203
Q204	2. Sicher-heitsab-stand	(inkremental): Koordinate Spin-delachse, in der keine Kollision zwi-schen Werkzeug und Werkstück (Spann-mittel) erfolgen kann. Eingabebereich 0 bis 99999,9999	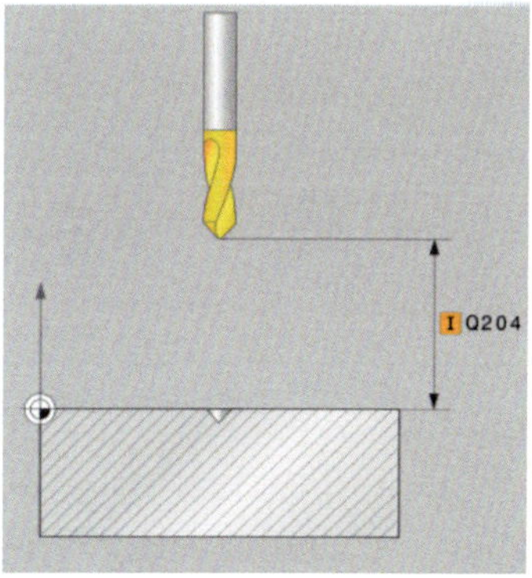 I Q204

Unser Programm sollte nun folgendermaßen ergänzt werden:

```
7  TOOL CALL "NC_ANBOHRER_D12" Z S4000
     F400
8  M3
9  CYCL DEF 240 ZENTRIEREN
     Q200=+2      ;SICHERHEITS-ABST.
     Q343=+1      ;AUSWAHL DURCHM/TIEFE
     Q201=+0      ;TIEFE
     Q344=-10     ;DURCHMESSER
     Q206= AUTO   ;VORSCHUB TIEFENZ.
     Q211=+0.3    ;VERWEILZEIT UNTEN
     Q203=+0      ;KOOR. OBERFLAECHE
     Q204=+2      ;2. SICHERHEITS-ABST.
10 CALL LBL 1
11 CALL LBL "Lochkreis"
12 L  Z+100 R0 FMAX M30
```

Der Durchmesser 10 ergibt sich aus der Fasen 1,6 mm und dem Bohrungsdurchmesser 6,8 mm

Nachdem der Zyklus nun definiert ist, muss er auf den einzelnen Bohrpositionen aufgerufen werden.

10.1 Verwendung von Unterprogrammen – Label

Da die gleichen Positionen sowohl für das Zentrieren als auch für das Bohren verwendet werden, schaffen wir uns nun eine Möglichkeit, die Positionen nur einmal zu programmieren und an unterschiedlichen Stellen im Programm bei Bedarf aufzurufen.

Hierzu dient der Befehl „Label", was so viel heißt wie Marke. In unserem Fall können wir dies im Sinne einer Sprungmarke verstehen. Programmiert werden Unterprogramme mit den Befehlen

[LBL SET] und [LBL CALL].

Unterprogramme schreiben wir unterhalb von M30. Ein Unterprogramm beginnt mit dem Befehl [LBL SET]. Sie können nun wählen, ob Sie dem Label eine Nummer, oder einen Namen geben möchten.

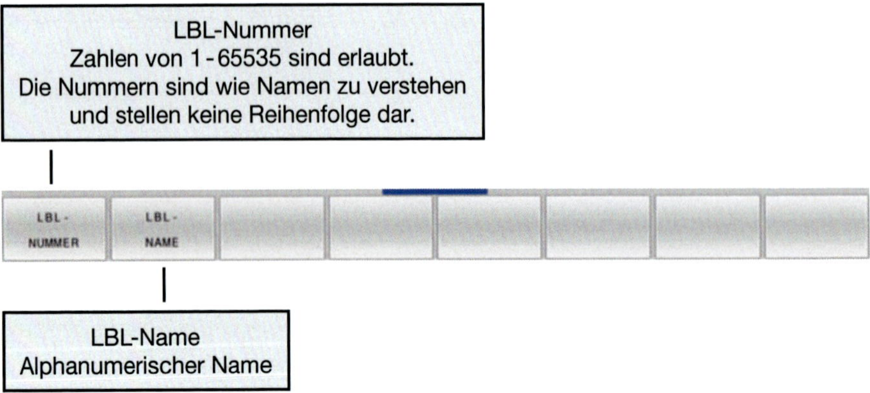

Jedes Unterprogramm endet mit dem Befehl LBL0.

LBL0 ist der Befehl für den Rücksprung ins Hauptprogramm.

Geben Sie den Befehl folgendermaßen ein: 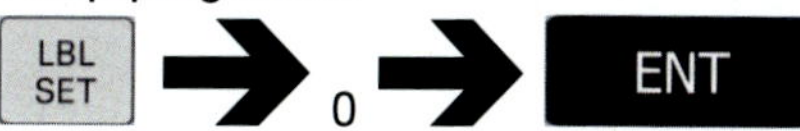

.

Die sechs Zentrierungen/Senkungen sind alle gleich. Die Bohrungen haben aber unterschiedliche Tiefen. Daher werden wir zwei Unterprogramme erstellen, eines für die zwei linken Bohrungspositionen, welches wir LBL1 nennen, und eines für den Lochkreis welches wir LBL „Lochkreis“ nennen.

Programmieren Sie zunächst das LBL1:

```
10 L  Z+100 R0 FMAX M30
11 LBL 1
12 L  X+12  Y+40 R0 FMAX M99
13 L  X+12  Y+55 R0 FMAX M99
14 LBL 0
```

Da die weiteren vier Bohrungen regelmäßig im Kreis mit dem Durchmesser 60 angeordnet sind, empfiehlt sich hier die Benutzung eines Musterzyklus.

Öffnen Sie also unterhalb von LBL0 das LBL „Lochkreis“ mit der Taste LBL SET.

Nun wählen wir den Zyklus 220 „Muster Kreis“ an:

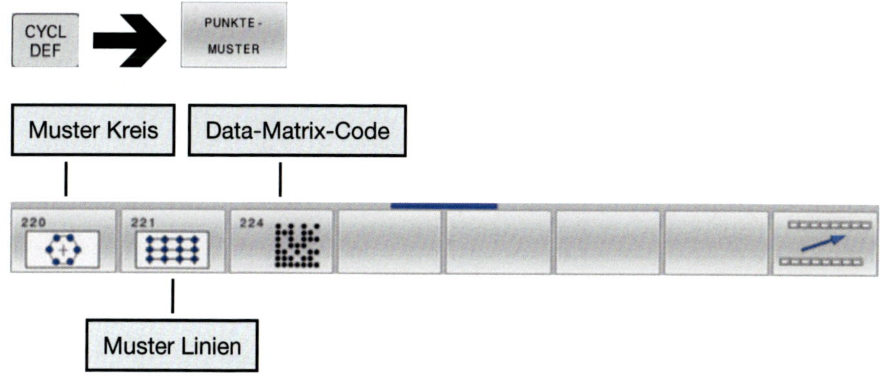

Parameter	Bedeutung	Erklärung	Hilfsbild
Q216	Mitte 1. Achse	(absolut): Teilkreismittelpunkt in der Hauptachse der Bearbeitungsebene. Eingabebereich -99999,9999 bis 99999,9999	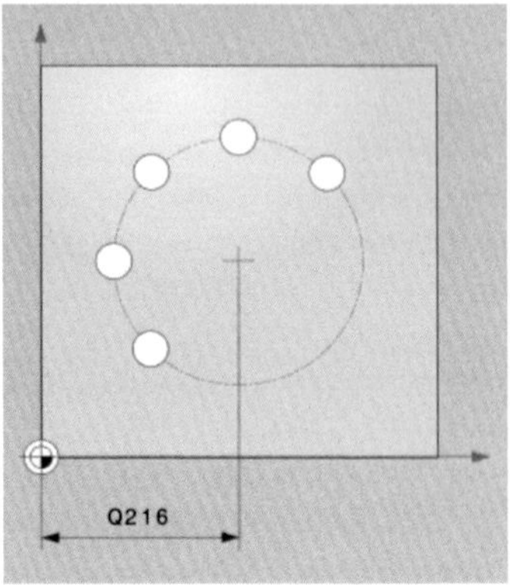 Q216
Q217	Mitte 2. Achse	(absolut): Teilkreismittelpunkt in der Nebenachse der Bearbeitungsebene. Eingabebereich -99999,9999 bis 99999,9999	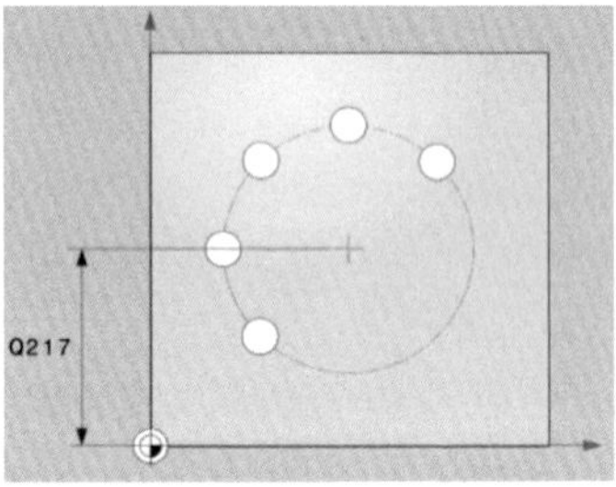 Q217
Q244	Teilkreis-durch-messer	Durchmesser des Teilkreises. Eingabebereich 0 bis 99999,9999	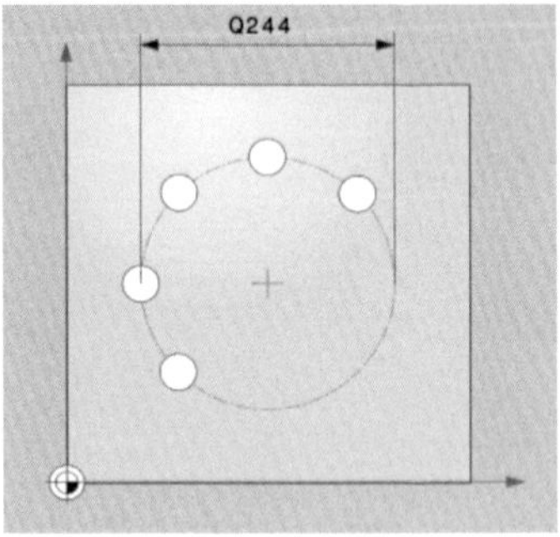 Q244

Parameter	Bedeutung	Erklärung	Hilfsbild
Q245	Startwinkel	(absolut): Winkel zwischen der Hauptachse der Bearbeitungsebene und dem Startpunkt der ersten Bearbeitung auf dem Teilkreis. Eingabebereich -360,000 bis 360,000	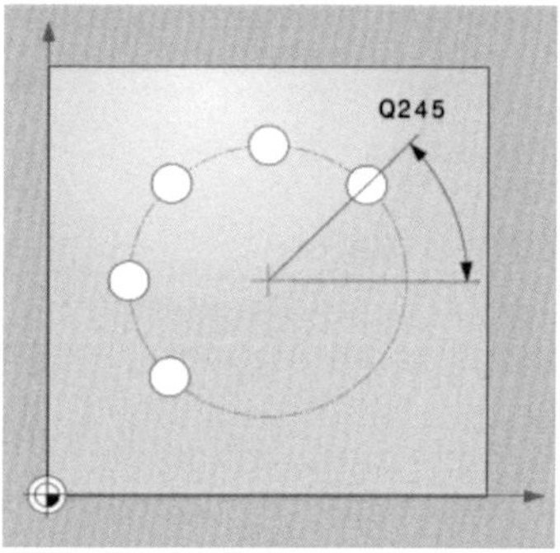
Q246	Endwinkel	(absolut): Winkel zwischen der Hauptachse der Bearbeitungsebene und dem Startpunkt der letzten Bearbeitung auf dem Teilkreis (gilt nicht für Vollkreise); Endwinkel ungleich Startwinkel eingeben; wenn Endwinkel größer als Startwinkel eingegeben, dann Bearbeitung im Gegenuhrzeigersinn, sonst Bearbeitung im Uhrzeigersinn. Eingabebereich -360,000 bis 360,000	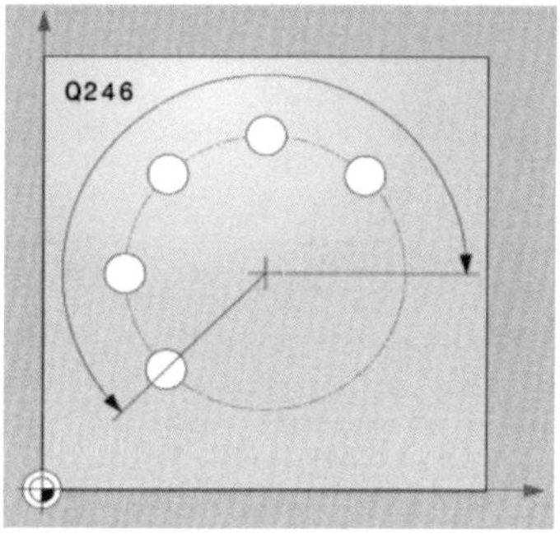

Parameter	Bedeutung	Erklärung	Hilfsbild
Q247	Winkel-schritt	(inkremental): Winkel zwischen zwei Bearbeitungen auf dem Teilkreis; wenn der Winkel-schritt gleich null ist, dann berechnet die Steuerung den Winkelschritt aus Startwinkel, End-winkel und Anzahl Bearbeitungen; wenn ein Winkelschritt eingegeben ist, dann berücksichtigt die Steuerung den Endwinkel nicht; das Vorzeichen des Winkelschritts legt die Bearbeitungs-richtung fest (– = Uhrzeigersinn). Eingabebereich -360,000 bis 360,000	
Q241	Anzahl Bearbei-tungen	Anzahl der Bearbeitungen auf dem Teilkreis. Eingabebereich 1 bis 99999	

Parameter	Bedeutung	Erklärung	Hilfsbild
Q200	Sicherheits-abstand	(inkremental): Abstand zwischen Werkzeugspitze und Werkstückoberfläche. Eingabebereich 0 bis 99999,9999	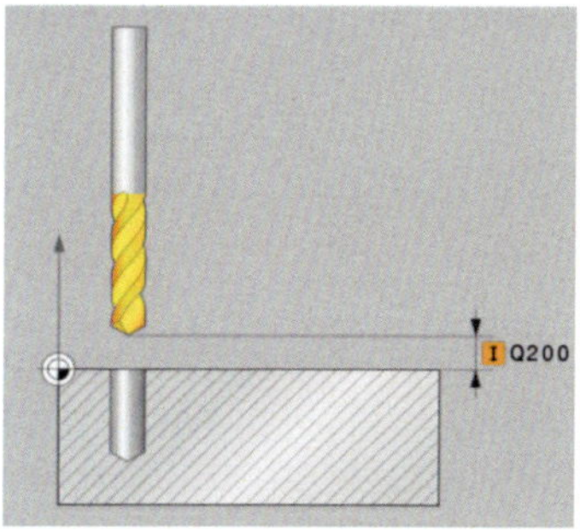 Q200
Q203	Koordinaten Werkstück-oberfläche	(absolut): Koordinate der Werkstückoberfläche in Bezug auf den aktiven Bezugs-punkt. Eingabebereich -99999,9999 bis 99999,9999	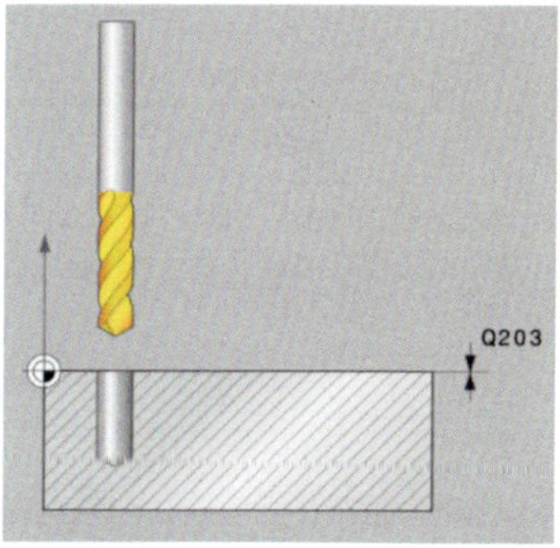 Q203
Q204	2. Sicher-heitsab-stand	(inkremental): Koordinate Spindel-achse, in der keine Kollision zwischen Werkzeug und Werk-stück (Spannmittel) erfolgen kann. Eingabebereich 0 bis 99999,9999	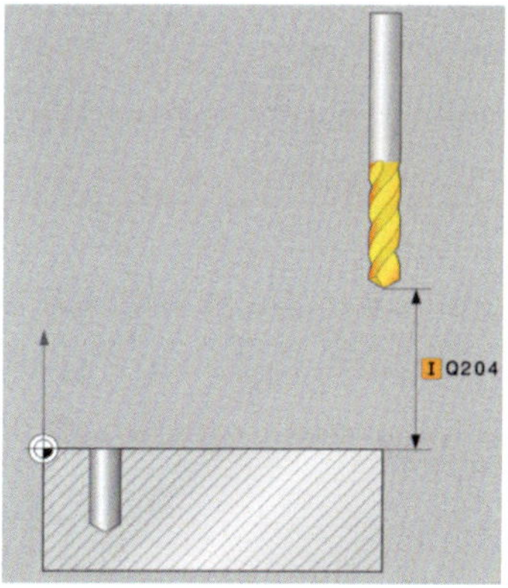 Q204

Parameter	Bedeutung	Erklärung	Hilfsbild
Q301	Fahren auf sichere Höhe	Festlegen, wie das Werkzeug zwischen den Bearbeitungen verfahren soll: 0: Zwischen den Bearbeitungen auf Sicherheitsabstand verfahren 1: Zwischen den Bearbeitungen auf 2. Sicherheits-abstand verfahren	Q301
Q365	Verfahrart	Festlegen, mit welcher Bahnfunktion das Werkzeug zwischen den Bearbeitungen verfahren soll: 0: Zwischen den Bearbeitungen auf einer Geraden verfahren 1: Zwischen den Bearbeitungen zirkular auf dem Teilkreisdurchmesser verfahren	Q365=0 L Q365=1 C

Das Programm bitte entsprechend ergänzen:

```
11 LBL 1
12 L  X+12  Y+40 R0 FMAX M99
13 L  X+12  Y+55 R0 FMAX M99
14 LBL 0
15 LBL "Lochkreis"
16 CYCL DEF 220 MUSTER KREIS
    Q216=+75    ;MITTE 1. ACHSE
    Q217=+50    ;MITTE 2. ACHSE
    Q244=+60    ;TEILKREIS-DURCHM.
    Q245=+45    ;STARTWINKEL
    Q246=+315   ;ENDWINKEL
    Q247=+0     ;WINKELSCHRITT
    Q241=+4     ;ANZAHL BEARBEITUNGEN
    Q200=+2     ;SICHERHEITS-ABST.
    Q203=+0     ;KOOR. OBERFLAECHE
    Q204=+2     ;2. SICHERHEITS-ABST.
    Q301=+1     ;FAHREN AUF S. HOEHE
    Q365=+0     ;VERFAHRART
17 LBL 0
18 END PGM UEBUNG_2 MM
```

Nun ergänzen wir noch das Hauptprogramm um die beiden Unterprogrammaufrufe.

Mit der Taste LBL CALL das LBL1 und das LBL „Lochkreis“ aufrufen.

```
7  TOOL CALL "NC_ANBOHRER_D12" Z S4000
   F400
8  M3
9  CYCL DEF 240 ZENTRIEREN
    Q200=+2     ;SICHERHEITS-ABST.
    Q343=+1     ;AUSWAHL DURCHM/TIEFE
    Q201=+0     ;TIEFE
    Q344=-10    ;DURCHMESSER
    Q206= AUTO  ;VORSCHUB TIEFENZ.
    Q211=+0.3   ;VERWEILZEIT UNTEN
    Q203=+0     ;KOOR. OBERFLAECHE
    Q204=+2     ;2. SICHERHEITS-ABST.
```

Zum Bohren der Durchmesser 6,8 mm Bohrungen gehen Sie folgendermaßen vor:

- TOOL CALL „Bohrer_D6-8“
- Spindel mit M3 einschalten
- Zyklus 203 Universalbohren für Tiefe 10 mm definieren
- Zyklus auf Bohrposition mit CALL LBL1 aufrufen
- Zyklus 203 Universalbohren für Durchgangsbohrungen definieren
- Zyklus auf Bohrposition mit CALL LBL „Lochkreis“ aufrufen

Parameter	Bedeutung	Erklärung	Hilfsbild
Q200	Sicherheits-abstand	(inkremental): bstand zwischen Werkzeugspitze und Werkstückoberfläche. Eingabebereich 0 bis 99999,9999	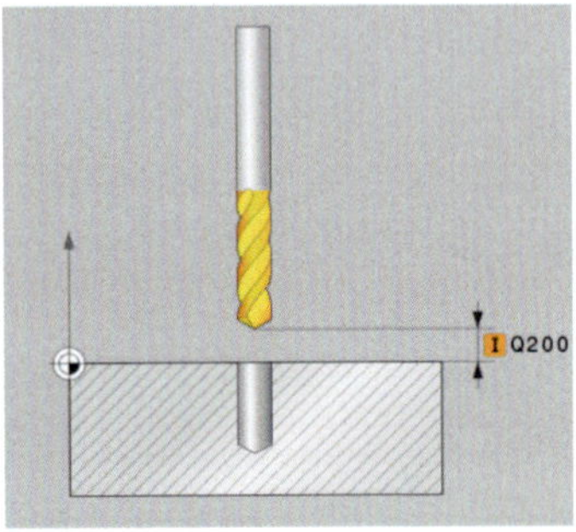 Q200
Q201	Tiefe	(inkremental): Abstand Werktück-oberfläche – Bohrungsgrund. Eingabebereich -99999,9999 bis 99999,9999	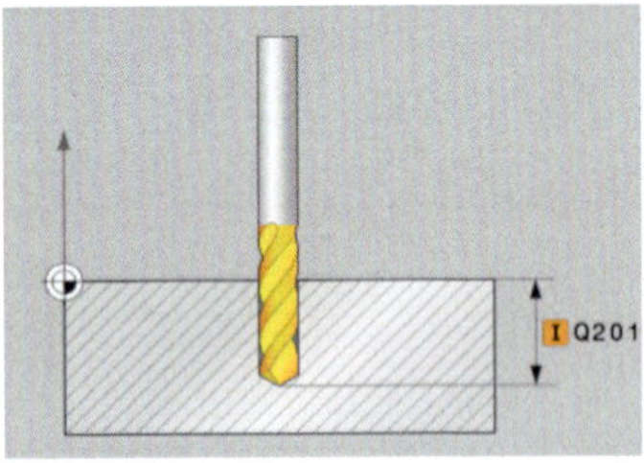 Q201
Q206	Vorschub Tiefen-zustellung	Verfahrgeschwindig-keit des Werkzeugs beim Ausdrehen in mm/min. Eingabebereich 0 bis 99999,999, alternativ FAUTO, FU	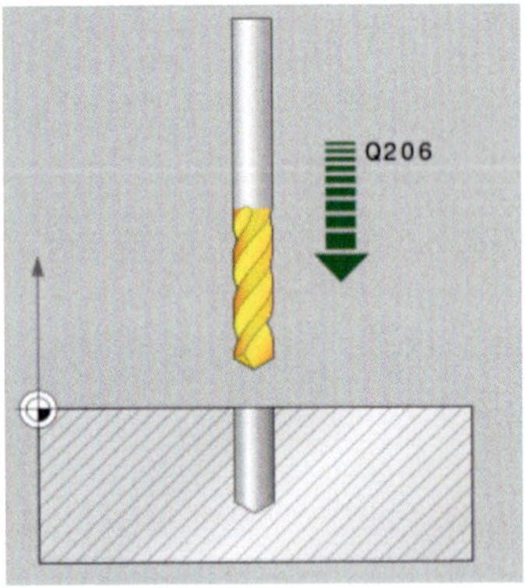 Q206

Parameter	Bedeutung	Erklärung	Hilfsbild
Q202	Zustelltiefe	(inkremental): Maß, um welches das Werkzeug jeweils zugestellt wird. Eingabebereich 0 bis 99999,999 Die Tiefe muss kein Vielfaches der Zustelltiefe sein. Die Steuerung fährt in einem Arbeitsgang auf die Tiefe, wenn: Zustelltiefe und Tiefe gleich sind oder die Zustelltiefe größer als die Tiefe ist.	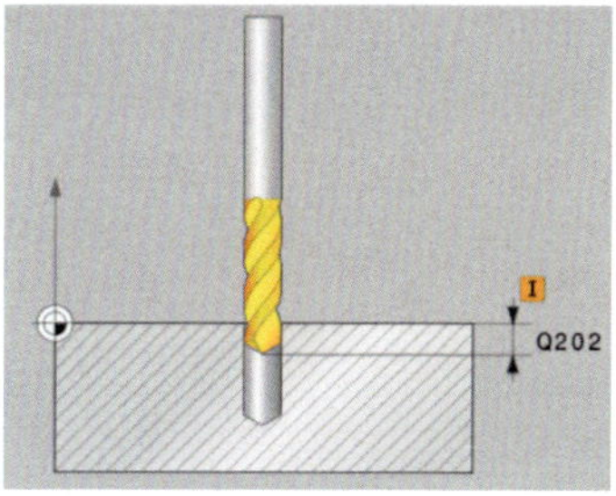
Q210	Verweilzeit oben	Zeit in Sekunden, die das Werkzeug auf dem Sicherheits-abstand verweilt, nachdem es die Steuerung zum Entspanen aus der Bohrung herausge-fahren hat. Eingabebereich 0 bis 3600,0000	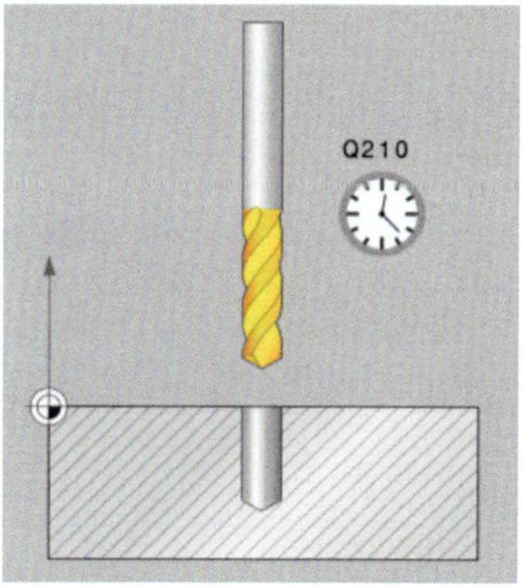
Q203	Koordinaten Werkstück-oberfläche	(absolut): Koordinate der Werkstückoberfläche in Bezug auf den aktiven Bezugs-punkt. Eingabebereich -99999,9999 bis 99999,9999	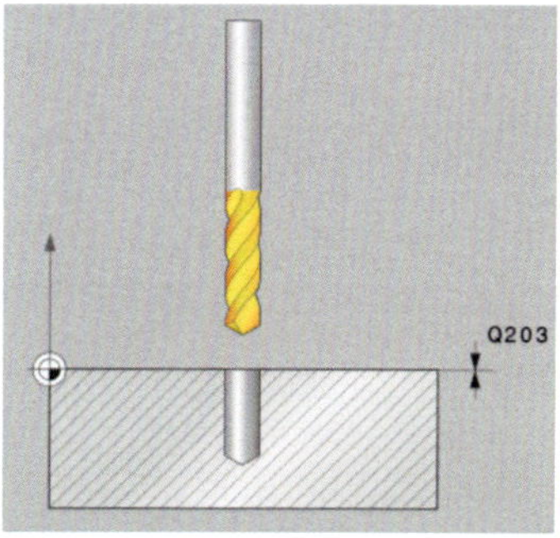

Parameter	Bedeutung	Erklärung	Hilfsbild
Q204	2. Sicherheitsabstand	(inkremental): Koordinate Spindelachse, in der keine Kollision zwischen Werkzeug und Werkstück (Spannmittel) erfolgen kann. Eingabebereich 0 bis 99999,9999	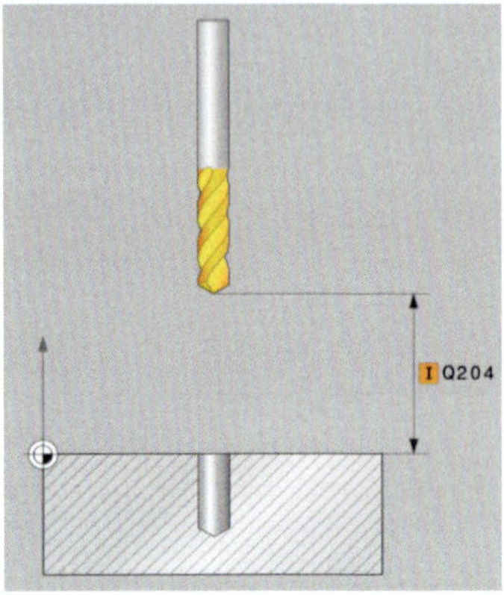 Q204
Q212	Abnahmebetrag	(inkremental): Wert, um den die Steuerung Q202 Zustell- tiefe nach jeder Zustellung verkleinert. Eingabebereich 0 bis 99999,9999	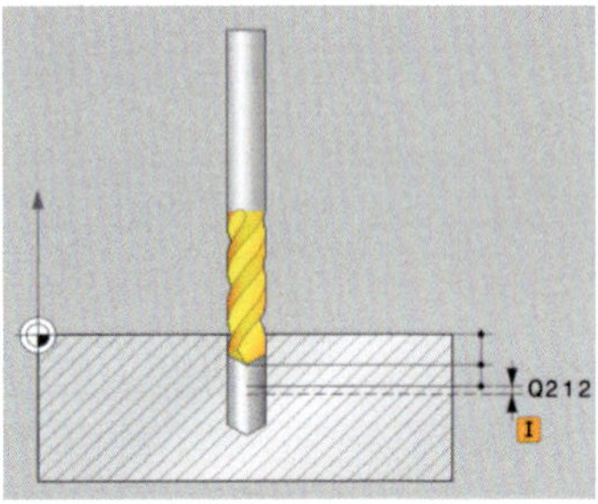 Q212
Q213	Anzahl Spanbrüche vor Rückzug	Anzahl der Spanbrüche, bevor die Steuerung das Werkzeug aus der Bohrung zum Entspanen herausfahren soll. Zum Spanbrechen zieht die Steuerung das Werkzeug jeweils um den Rückzugswert Q256 zurück.	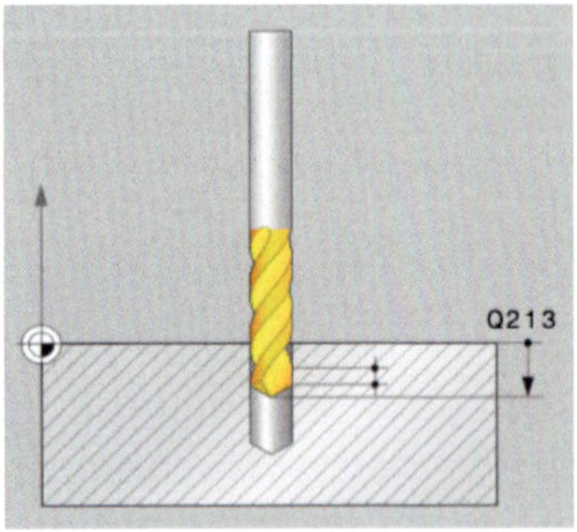 Q213

Parameter	Bedeutung	Erklärung	Hilfsbild
Q205	Minimale Zustelltiefe	(inkremental): Falls Sie Q212 ABNAHMEBETRAG eingegeben haben, begrenzt die Steuerung die Zustellung auf Q205. Eingabebereich 0 bis 99999,9999	
Q211	Verweilzeit unten	Zeit in Sekunden, die das Werkzeug am Bohrungsgrund verweilt. Eingabebereich 0 bis 3600,0000	
Q208	Vorschub Rückzug	Verfahrgeschwindigkeit des Werkzeugs beim Herausfahren aus der Bohrung in mm/min. Wenn Sie Q208=0 eingeben, dann fährt die Steuerung das Werkzeug mit Vorschub Q206 heraus. Eingabebereich 0 bis 99999,999, alternativ FMAX, FAUTO	

Parameter	Bedeutung	Erklärung	Hilfsbild
Q256	Rückzug bei Spanbruch	(inkremental): Wert, um den die Steuerung das Werkzeug beim Spanbrechen zurückfährt. Eingabebereich 0 bis 99999,9999	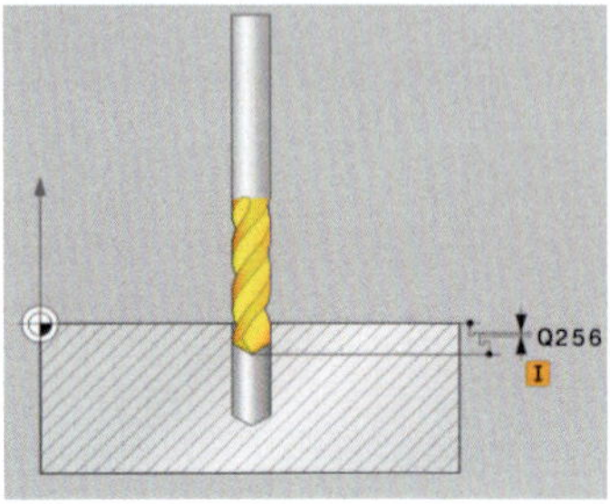
Q395	Bezug Tiefe	Auswahl, ob sich die eingegebene Tiefe auf die Werkzeugspitze oder auf den zylindrischen Teil des Werkzeugs bezieht. Wenn die Steuerung die Tiefe auf den zylindrischen Teil des Werkzeugs beziehen soll, müssen Sie den Spitzenwinkel des Werkzeugs in der Spalte T-ANGLE der Werkzeugtabelle TOOL.T definieren. 0 = Tiefe, bezogen auf die Werkzeugspitze 1 = Tiefe, bezogen auf den zylindrischen Teil des Werkzeugs	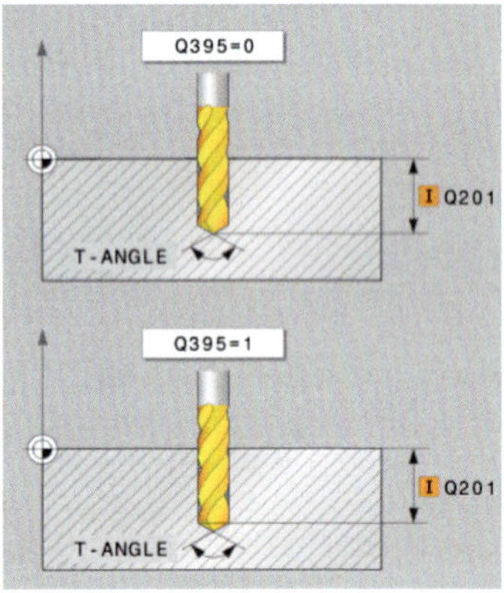

```
12 TOOL CALL "BOHRER_D6-8" Z S3500 F600
13 M3
14 CYCL DEF 203 UNIVERSAL-BOHREN
    Q200=+2     ;SICHERHEITS-ABST.
    Q201=-10    ;TIEFE
    Q206= AUTO  ;VORSCHUB TIEFENZ.
    Q202=+11    ;ZUSTELL-TIEFE
    Q210=+0     ;VERWEILZEIT OBEN
    Q203=+0     ;KOOR. OBERFLAECHE
    Q204=+50    ;2. SICHERHEITS-ABST.
    Q212=+0     ;ABNAHMEBETRAG
    Q213=+0     ;ANZ. SPANBRUECHE
    Q205=+0     ;MIN. ZUSTELL-TIEFE
    Q211=+0     ;VERWEILZEIT UNTEN
    Q208= MAX   ;VORSCHUB RUECKZUG
    Q256=+0.2   ;RZ BEI SPANBRUCH
    Q395=+1     ;BEZUG TIEFE
15 CALL LBL 1
16 CYCL DEF 203 UNIVERSAL-BOHREN
    Q200=+2     ;SICHERHEITS-ABST.
    Q201=-21    ;TIEFE
    Q206= AUTO  ;VORSCHUB TIEFENZ.
    Q202=+11    ;ZUSTELL-TIEFE
    Q210=+0     ;VERWEILZEIT OBEN
    Q203=+0     ;KOOR. OBERFLAECHE
    Q204=+50    ;2. SICHERHEITS-ABST.
    Q212=+0     ;ABNAHMEBETRAG
    Q213=+0     ;ANZ. SPANBRUECHE
    Q205=+0     ;MIN. ZUSTELL-TIEFE
    Q211=+0     ;VERWEILZEIT UNTEN
    Q208= MAX   ;VORSCHUB RUECKZUG
    Q256=+0.2   ;RZ BEI SPANBRUCH
    Q395=+1     ;BEZUG TIEFE
17 CALL LBL "Lochkreis"
```

Unsere Übung 2 ist fertig programmiert. Simulieren Sie das Ergebnis in der Betriebsart Programmtest.

Screenshot Simulation Übung 2:

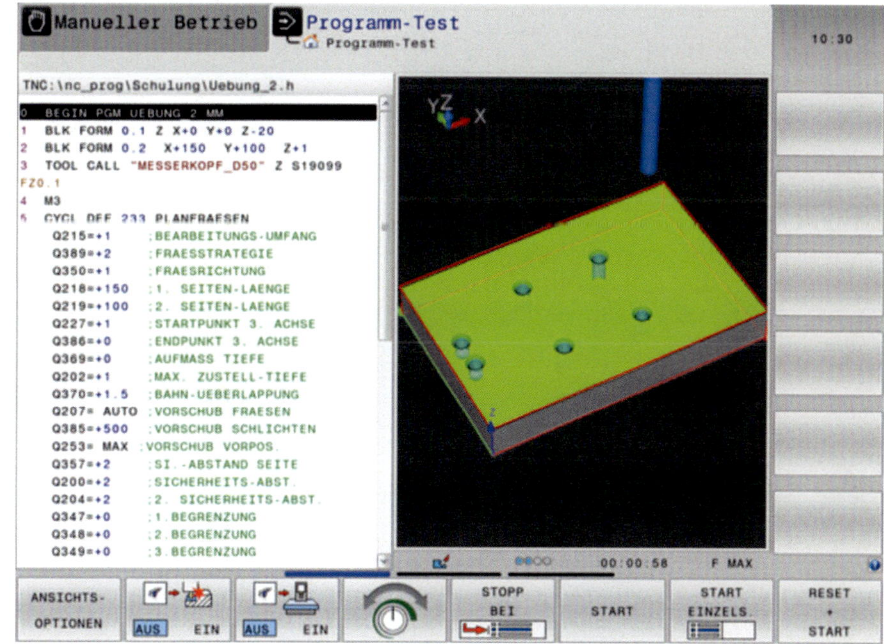

11 Übung 3: Konturprogrammierung

Im nächsten Schritt geben wir unserem Werkstück eine Form, indem wir nun lernen, wie man Konturen programmiert.

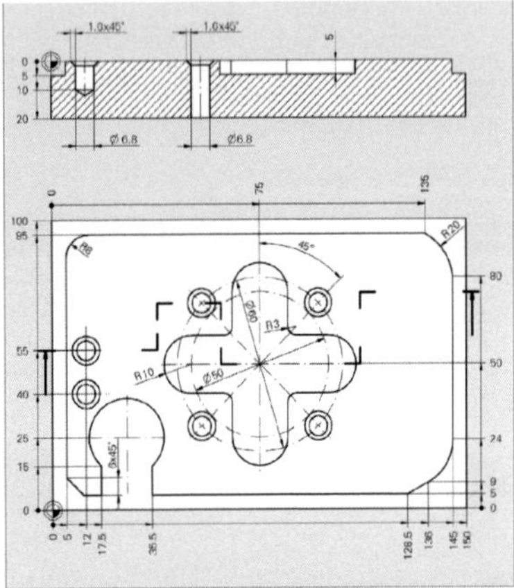

11.1 Außenkontur Fräsen

Zunächst werden wir die Außenkonturen mit einem Schaftfräser Durchmesser 16 mm und 0,5 mm Seitenaufmaß vorschruppen und anschließend mit einem Schaftfräser Durchmesser 10 mm schlichten. Da wir zum Vorschruppen und anschließendem Schlichten zweimal um die Kontur fahren müssen, bietet es sich an, die Kontur wieder als Unterprogramm abzulegen.

Bei der Innenkontur werden wir anschließend genauso verfahren.

Arbeitsplan:

Arbeitsschritt	Werkzeugname	Durchmesser (mm)	F (mm/Z)	Vc (m/min)	Aufmaß Seite DR
Außenkontur schruppen	FRAESER_D16	16	0,1	300	0,5
Außenkontur schlichten	FRAESER_D10	10	0,06	350	–
Innenkontur schruppen	FRAESER_D16	16	0,1	300	–
Innenkontur schlichten	FRAESER_D10	10	0,06	350	–

In dieser Übung lernen wir die Bahnfunktionen zum Programmieren von Konturen kennen:

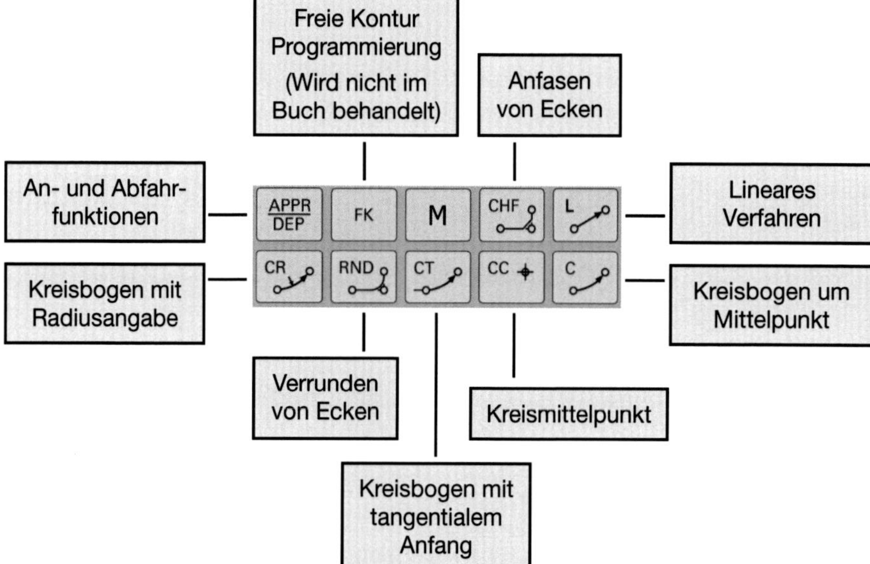

Die Taste M ist keine Bahnfunktion, sondern dient nur zum Eingeben von M-Funktionen und ist nur am Programmierplatz, nicht jedoch auf der Originaltatstatur vorhanden.

Der Befehl L wurde bereits besprochen und wird als bekannt vorausgesetzt.

Die Kontur werden wir an der Position X5 und Y55 anfahren.

Treffen Sie nun für die Übung 3 folgende vorbereitenden Schritte:

1. Kopieren Sie das Programm von Übung 2 unter dem Namen Uebung_3.h und öffnen Sie dieses Programm.
2. Setzen Sie das Programm nach dem LBL CALL „Lochkreis“ mit einem TOOL CALL „FRAESER_D16“ mit einem DR0,5 fort.
3. Schalten Sie die Spindel im nächsten Satz im Uhrzeigersinn (M3) ein.
4. Springen Sie unterhalb von M30 und legen Sie das Unterprogramm LBL „Aussen-kontur“ an
5. Positionieren Sie den Fräser auf X-15 und Y55 im Eilgang, ohne Radiuskorrektur (R0) vor.
6. Positionieren Sie im Eilgang bis auf Z2 (Sicherheitsabstand), ohne Radiuskorrektur (R0) vor.
7. Positionieren Sie auf Frästiefe Z-5 F2000, ohne Radiuskorrektur (R0) vor. Der reduzierte Vorschub dient hier zur Sicherheit, für den Fall, dass das Werkzeug wegen eines Positionierfehlers nicht freistehen sollte.

```
47 LBL "Aussenkontur"
48 L  X-15  Y+55 R0 FMAX
49 L  Z+2 R0 FMAX
50 L  Z-5 R0 F2000
```

Damit wir beim weiteren Programmieren der Kontur immer direkt erkennen, ob wir auf dem richtigen Weg sind, stellen wir die Bildschirmanzeige in der Betriebsart Programmieren über die Taste und den Softkey PROGRAMM + GRAFIK ein. Anschließend müssen wir auf der 3. Softkey-Ebene folgende Einstellungen vornehmen:

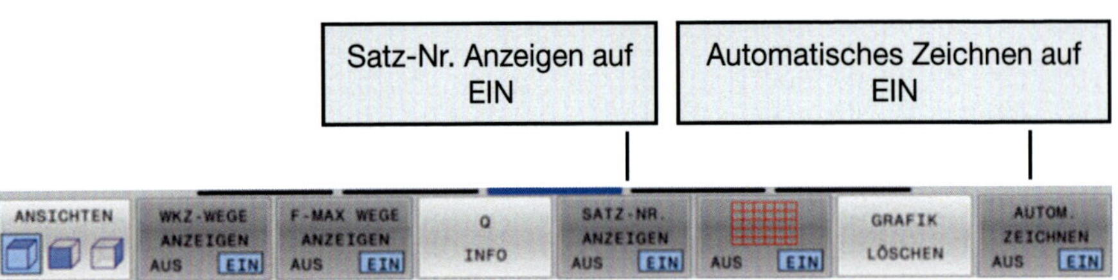

An- und Abfahrfunktionen

Das An- und Abfahren an eine Kontur stellt immer eine Herausforderung dar, weil beim Übergang der An-/Abfahrbewegung zur Kontur oft eine Richtungsänderung erfolgt, die leichte Konturverletzungen und somit einen Qualitätsmangel zur Folge haben kann. Um dies zu vermeiden, sollte man tangential an Konturen an- und abfahren. Zu diesem Zweck stellt HEIDENHAIN komfortable An- und Abfahrfunktionen bereit.

Die Funktionen APPR (engl. approach = Anfahrt) und DEP (engl. departure = Verlassen) werden mit der Taste APPR DEP aktiviert. Danach lassen sich folgende Bahnformen über die Softkeys wählen:

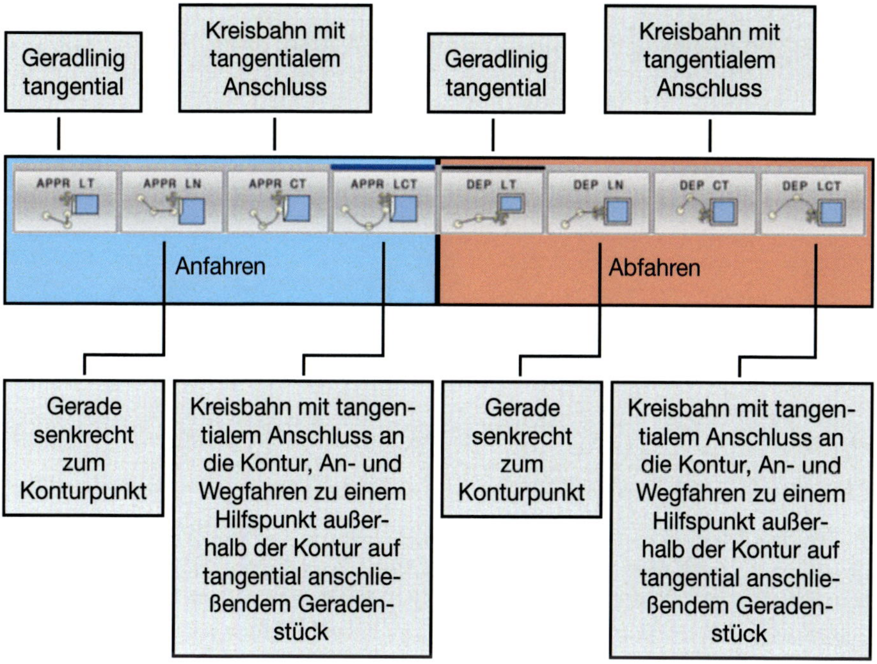

Geradlinig tangential
Kreisbahn mit tangentialem Anschluss
Geradlinig tangential
Kreisbahn mit tangentialem Anschluss
APPR LT
APPR LN
APPR CT
APPR LCT
DEP LT
DEP LN
DEP CT
DEP LCT
Anfahren
Abfahren
Gerade senkrecht zum Konturpunkt
Kreisbahn mit tangentialem Anschluss an die Kontur, An- und Wegfahren zu einem Hilfspunkt außerhalb der Kontur auf tangential anschließendem Geradenstück
Gerade senkrecht zum Konturpunkt
Kreisbahn mit tangentialem Anschluss an die Kontur, An- und Wegfahren zu einem Hilfspunkt außerhalb der Kontur auf tangential anschließendem Geradenstück

Die ideale Funktion, um mitten auf einer Kontur anzufahren, ist
APPR LCT
.

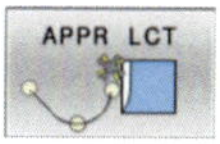

Die Kontur werden wir im Uhrzeigersinn umfahren. Das Werkzeug muss also in Vorschubrichtung links stehen. Bei einem rechtsdrehenden Fräser entsteht somit Gleichlauffräsen.

Anfahrfunktion
Anfahrradius
Satznummer
51 APPR LCT X+5 Y+55 R5 RL F AUTO
Vorschub
Zielkoordinaten
Radiuskorrektur

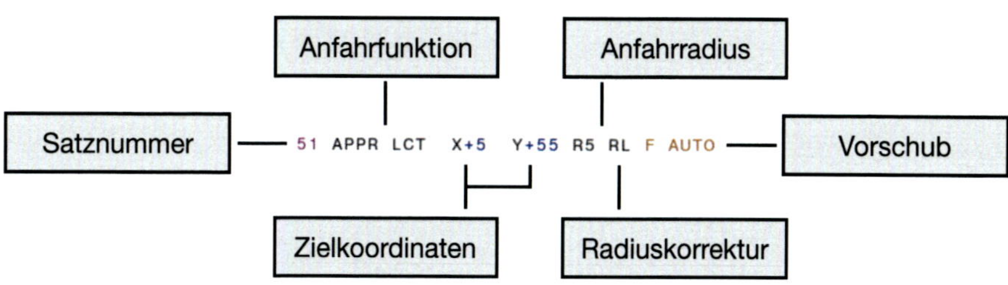

11.2 Radius als Verrundung einer Ecke – RND

Da die Radiuskorrektur und der programmierte Vorschub modal, also selbsthaltend sind, brauchen wir diese Informationen in den nächsten Sätzen nicht mehr zu wiederholen und können die folgenden Dialoge bereits bei der Frage nach der Radiuskorrektur

über die Taste END vorzeitig beenden.

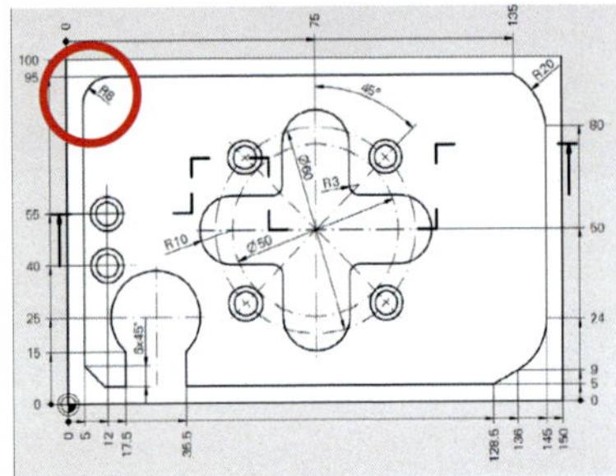

Der Radius R8 beginnt tangential (ohne Knick) aus der Geraden und geht auch tangential in das Folgeelement über. In solchen Fällen können wir den Radius als Verrundung einer Ecke programmieren. Hierzu programmieren wir zunächst die erste Gerade

bis zum theoretischen Schnittpunkt mit dem Befehl L, fügen dann den Befehl

RND ein und setzen mit L fort.

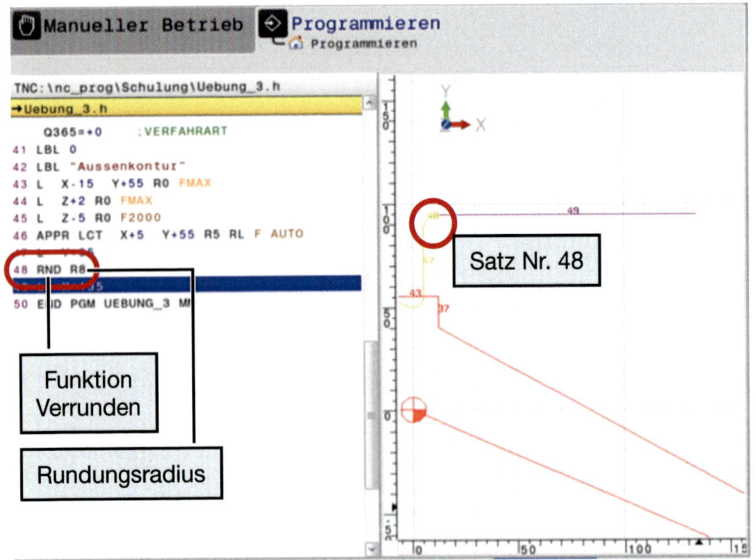

11.3 Kreisbogen mit Radiusangabe – CR (Circle Radius)

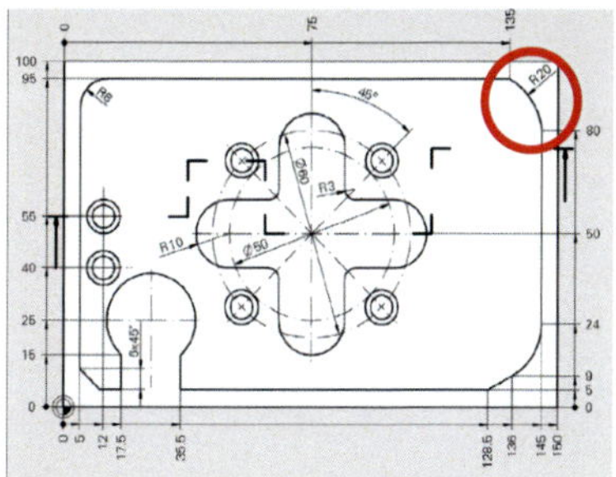

Der Radius R20 beginnt mit einem Knick. Somit ist die Funktion RND möglich. Es handelt sich um einen Kreisbogen mit Radiusangabe, daher verwenden wir die Bahnfunktion (Circle Radius) .

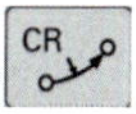

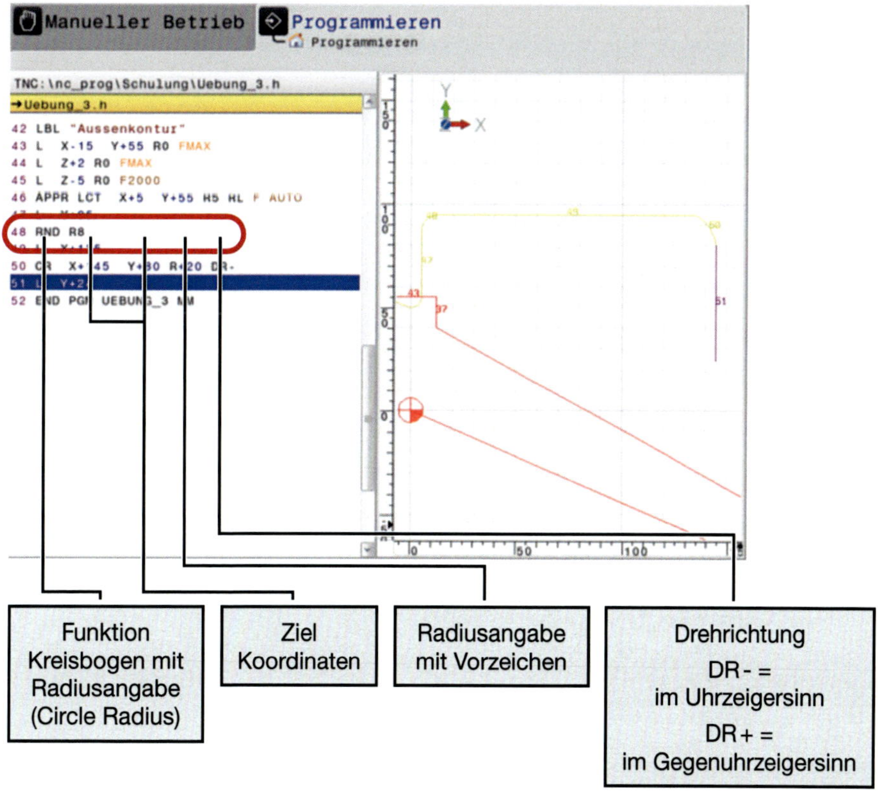

Funktion Kreisbogen mit Radiusangabe (Circle Radius)

Ziel Koordinaten

Radiusangabe mit Vorzeichen

Drehrichtung
DR- = im Uhrzeigersinn
DR+ = im Gegenuhrzeigersinn

Achtung: Bei der Programmierung von Kreisbögen mit Radiusangabe sind mathematisch immer zwei Kreisbögen möglich:

Lösung 1:

Öffnungswinkel (CCA) des Kreisbogens ist kleiner, oder gleich 180 Grad ➔
$R > 0$ (positives Vorzeichen).

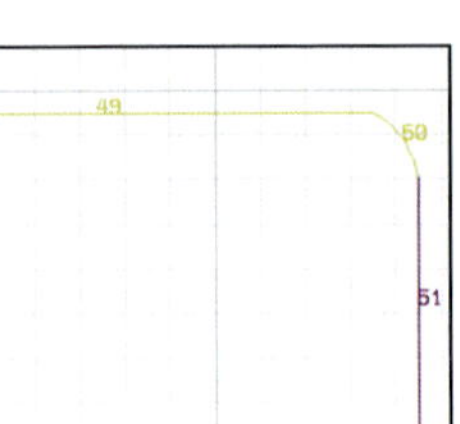

```
50 CR   X+145   Y+80  R+20  DR-
```

Lösung 2:

Öffnungswinkel (CCA) des Kreisbogens ist größer 180 Grad ➔
$R < 0$ (negatives Vorzeichen)

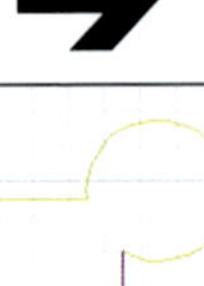

```
50 CR   X+145   Y+80  R-20  DR-
```

11.4 Tangentialer Radius – CT (Circle Tangential)

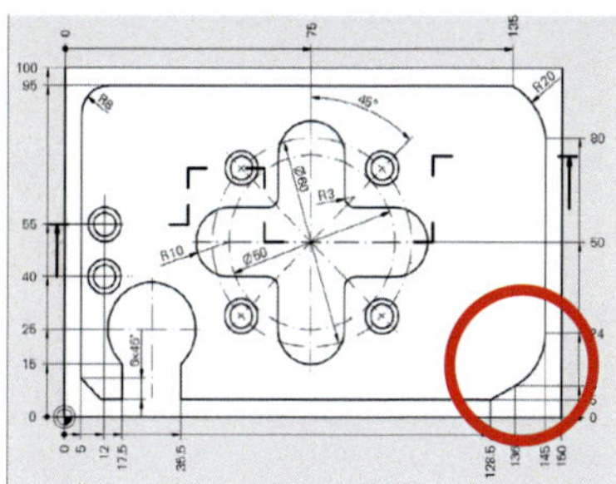

Der nächste Radius an der unteren, rechten Ecke des Werkstücks enthält leider keinerlei Angaben über die Größe des Radius, oder die Lage des Mittelpunktes. Es ist aber erkennbar, dass der Beginn des Radius tangential ist, das heißt, dass er ohne Knick aus dem Vorgängerelement (hier die Gerade zwischenY 80 und Y 24) hervorgeht. Wenn dies der Fall ist und die Zielkoordinate ebenfalls bekannt ist, ist der Kreisbogen mathematisch vollständig bestimmt. Programmieren können wir dies über die

Bahnfunktion (Circle Tangential) 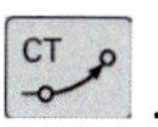

.

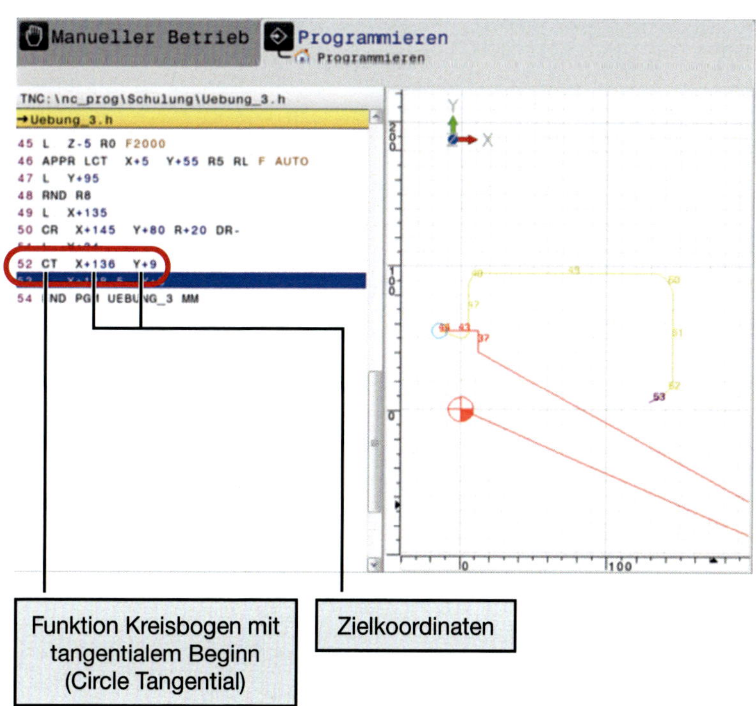

11.5 Radius ohne Radiusangabe – CC (Circle Center) + Kreisbogen C

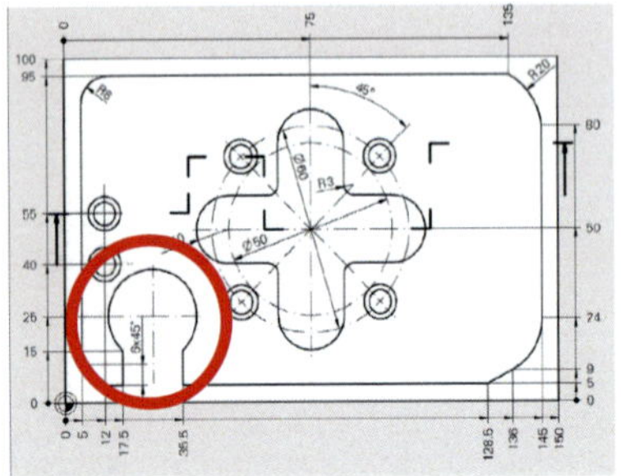

Bei diesem Radius gibt es ebenfalls keine Radiusangabe, dafür ist aber der Mittelpunkt bemaßt. Bei der Programmierung lösen wir das mit den Bahnfunktionen (Circle Center) 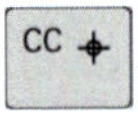 CC, um die Koordinaten des Mittelpunkts anzugeben und 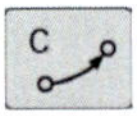 C um den Kreisbogen um diesen Mittelpunkt zu beschreiben. Die Reihenfolge ist hierbei wie beim Zeichnen eines Kreisbogens mit dem Zirkel. Auch hier wird erst die Spitze des Zirkels in die Mitte gestochen und dann wird der Kreisbogen um die Mitte gezeichnet. Also erst CC dann C.

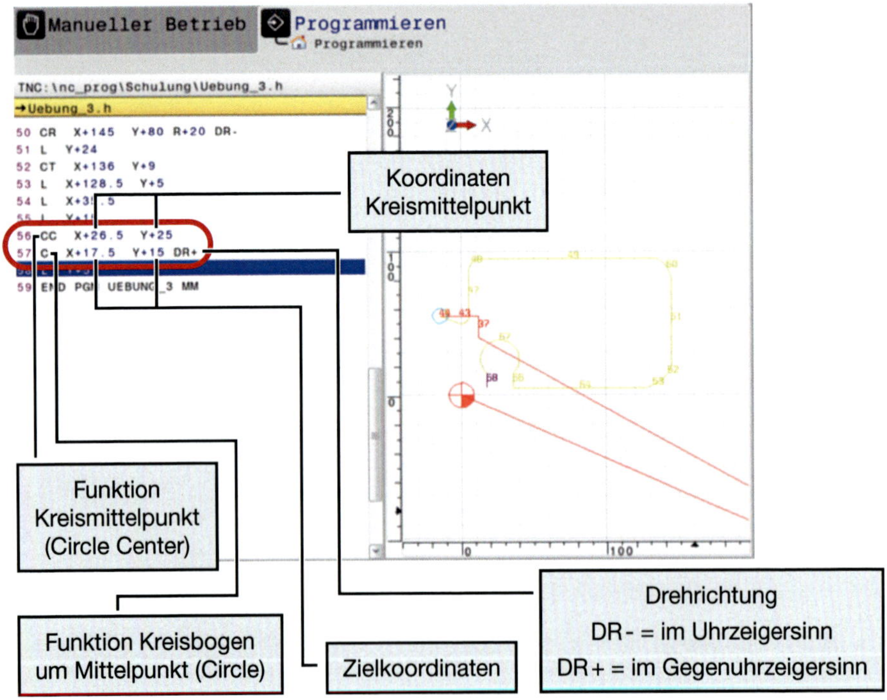

Manueller Betrieb
Programmieren
Programmieren

TNC:\nc_prog\Schulung\Uebung_3.h
→Uebung_3.h

```
50 CR  X+145  Y+80  R+20  DR-
51 L  Y+24
52 CT  X+136  Y+9
53 L  X+128.5  Y+5
54 L  X+3 .5
55
56 CC  X+26.5  Y+25
57 C  X+17.5  Y+15  DR+
58
59 END PGM UEBUNG_3 MM
```

Koordinaten Kreismittelpunkt

Funktion Kreismittelpunkt (Circle Center)

Funktion Kreisbogen um Mittelpunkt (Circle)

Zielkoordinaten

Drehrichtung
DR- = im Uhrzeigersinn
DR+ = im Gegenuhrzeigersinn

11.6 Anfasen von Ecken – CHF (Chamfer)

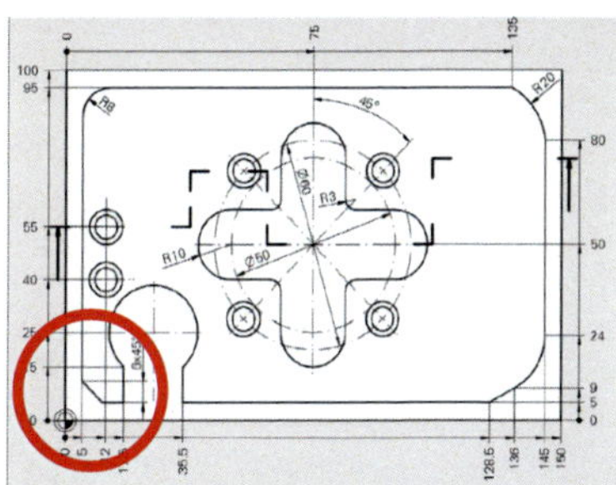

Die letzte neue Bahnfunktion, die in dieser Kontur steckt, ist das Anfasen von Ecken mit dem Befehl (Chamfer)  CHF oder zu Deutsch Fase. Dieser Befehl funktioniert in der Handhabung wie der Befehl RND, also zuerst auf den theoretischen Schnittpunkt fahren, dann die Fase einfügen und normal weiterprogrammieren.

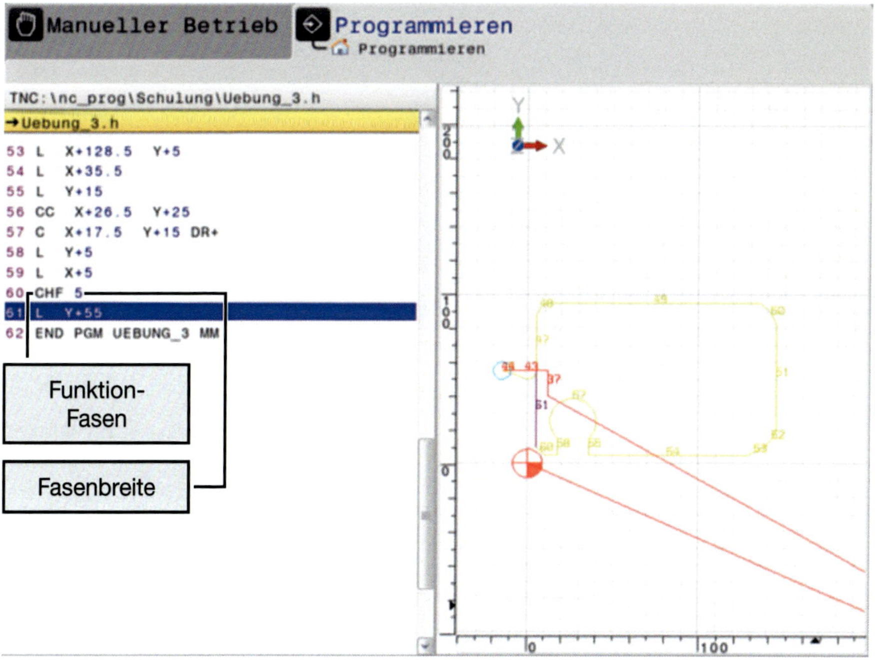

Manueller Betrieb | Programmieren
Programmieren

TNC:\nc_prog\Schulung\Uebung_3.h

```
→Uebung_3.h
53 L  X+128.5  Y+5
54 L  X+35.5
55 L  Y+15
56 CC  X+26.5  Y+25
57 C  X+17.5  Y+15 DR+
58 L  Y+5
59 L  X+5
60 CHF 5
61 L  Y+55
62 END PGM UEBUNG_3 MM
```

Funktion-Fasen

Fasenbreite

Zum weichen Abfahren von der Kontur benutzen wir die Abfahrfunktion DEP LCT, durch die wir wieder tangential im Kreisbogen abfahren und dann geradlinig einen programmierten Hilfspunkt anfahren. Als Hilfspunkt nehmen wir die Position, auf die wir vor dem Anfahren vorpositioniert hatten. Abfahrfunktionen heben die Radiuskorrektur wieder auf, das heißt, dass die programmierte Koordinate mit R0 angefahren wird, auch wenn dies nicht in der Befehlssyntax vorkommt. Anschließend fahren wir das Werkzeug in der Werkzeugachse auf eine sichere Höhe (z.B. 100 mm) und beenden das Unterprogramm mit LBL0.

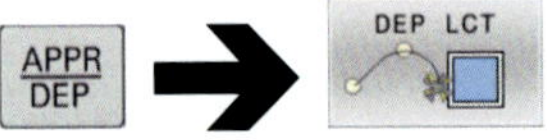

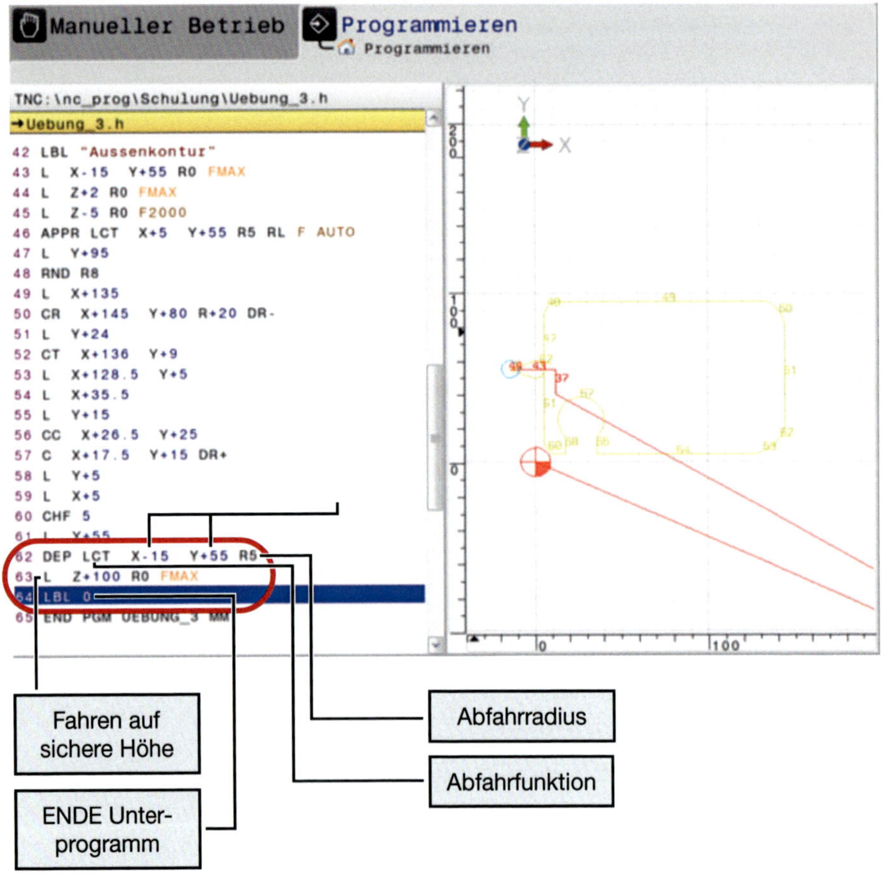

Manueller Betrieb | Programmieren
Programmieren

TNC:\nc_prog\Schulung\Uebung_3.h

```
→Uebung_3.h
42 LBL "Aussenkontur"
43 L  X-15  Y+55 R0 FMAX
44 L  Z+2 R0 FMAX
45 L  Z-5 R0 F2000
46 APPR LCT  X+5  Y+55 R5 RL F AUTO
47 L  Y+95
48 RND R8
49 L  X+135
50 CR  X+145  Y+80 R+20 DR-
51 L  Y+24
52 CT  X+136  Y+9
53 L  X+128.5  Y+5
54 L  X+35.5
55 L  Y+15
56 CC  X+26.5  Y+25
57 C  X+17.5  Y+15 DR+
58 L  Y+5
59 L  X+5
60 CHF 5
61 L  Y+55
62 DEP LCT  X-15  Y+55 R5
63 L  Z+100 R0 FMAX
64 LBL 0
65 END PGM UEBUNG_3 MM
```

Fahren auf sichere Höhe

ENDE Unterprogramm

Abfahrradius

Abfahrfunktion

Das Unterprogramm mit der Kontur ist nun fertig. Damit aber auch tatsächlich Späne entstehen, müssen wir noch ins Hauptprogramm zurückspringen und nach dem Werkzeugaufruf und dem M3 das Unterprogramm durch LBL CALL aufrufen.

Anschließend wechseln Sie das Werkzeug FRAESER_D10 mit den richtigen Schnittdaten und ohne Aufmaß ein, schalten die Spindel mit M3 wieder an und rufen das Unterprogramm erneut auf.

Simulieren Sie Ihr Programmierergebnis in der Betriebsart Programmtest.

```
TNC:\nc_prog\Schulung\Uebung_3.h
→Uebung_3.h
    Q211=+0     ;VERWEILZEIT UNTEN
    Q208= MAX   ;VORSCHUB RUECKZUG
    Q256=+0.2   ;RZ BEI SPANBRUCH
    Q395=+1     ;BEZUG TIEFE
17 CALL LBL "Lochkreis"
18 TOOL CALL "FRAESER_D16" Z S5968 FZ0.1
    DR+0.5
19 M3
20 CALL LBL "Aussenkontur"
21 TOOL CALL "FRAESER_D10" Z S11141 FZ0.06
22 M3
23 CALL LBL "Aussenkontur"
24 L  Z+100 R0 FMAX M30
25 LBL 1
26 L  X+12  Y+40 R0 FMAX M99
27 L  X+12  Y+55 R0 FMAX M99
28 LBL 0
29 LBL "Lochkreis"
30 CYCL DEF 220 MUSTER KREIS
    Q216=+75    ;MITTE 1. ACHSE
    Q217=+50    ;MITTE 2. ACHSE
    Q244=+60    ;TEILKREIS-DURCHM.
    Q245=+45    ;STARTWINKEL
    Q246=+315   ;ENDWINKEL
    Q247=+0     ;WINKELSCHRITT
```

Screenshot Simulation:

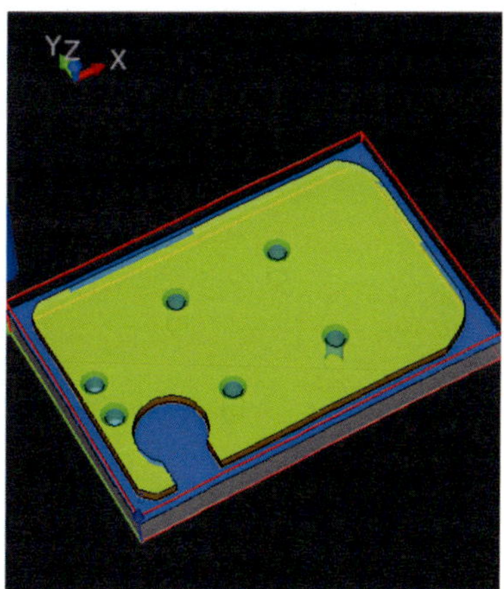

11.7 Innenkontur mit SLII-Zyklen und CONTOUR DEF ausräumen

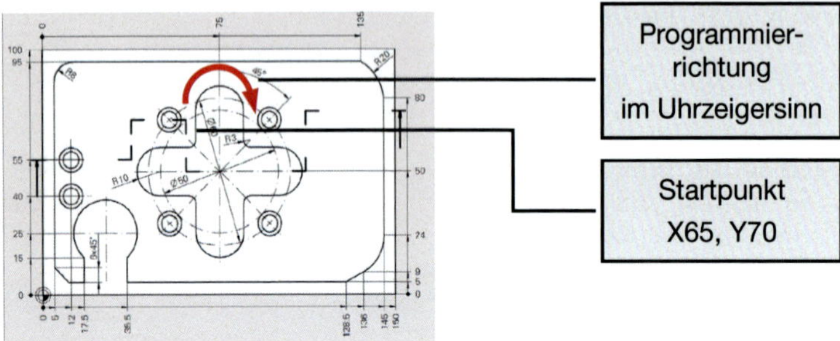

Beginnen Sie eine Neues Unterprogramm mit dem Namen LBL „Innenkontur“ und programmieren Sie selbstständig die Kontur. Beginnen Sie am vorgegebenen Startpunkt und in vorgegebener Richtung. Die notwendigen Koordinaten sind aus den Zeichnungsangaben leicht zu errechnen.

Programmierhinweis: Da wir die Kontur mit Zyklen ausräumen werden, benötigen Sie keine Vorpositionierung, keine An- und Abfahrbewegungen, keine Radiuskorrektur, keine Vorschübe, und keine Zustellbewegungen. All diese Informationen werden wir später im Zyklus ergänzen. Programmieren Sie einfach die Kontur, als ob Sie einen Zaun bauen wollen. Der Zaun beginnt mit dem ersten Zaunpfahl (in unserem Fall Konturpunkt), der bereits Bestandteil des Zaunes (analog: der Kontur) ist.

ACHTUNG: Probieren Sie es zunächst selbst, ohne in die Lösung zu schauen.

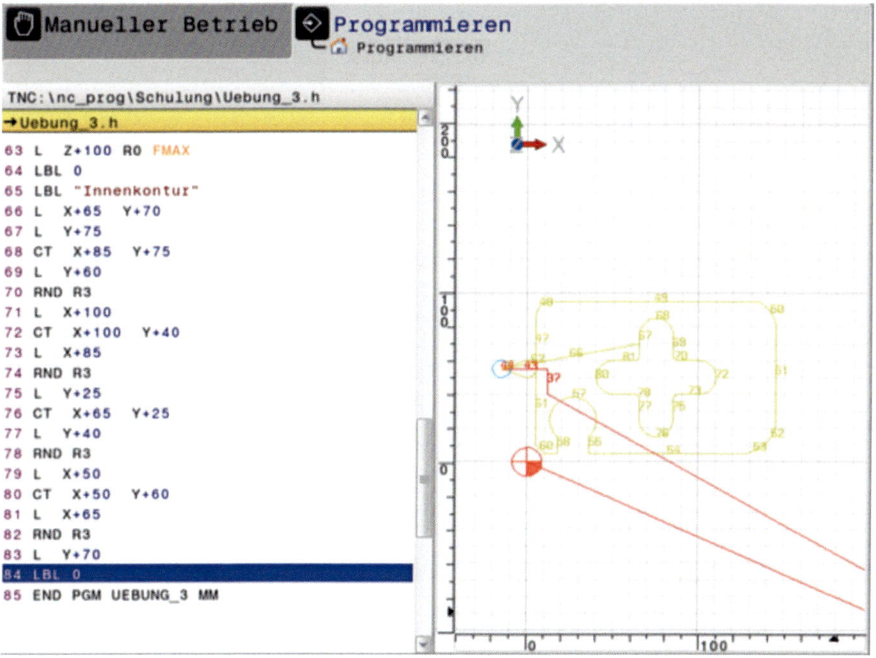

Manueller Betrieb | Programmieren | Programmieren

TNC:\nc_prog\Schulung\Uebung_3.h

```
→Uebung_3.h
63 L  Z+100 R0 FMAX
64 LBL 0
65 LBL "Innenkontur"
66 L  X+65  Y+70
67 L  Y+75
68 CT  X+85  Y+75
69 L  Y+60
70 RND R3
71 L  X+100
72 CT  X+100  Y+40
73 L  X+85
74 RND R3
75 L  Y+25
76 CT  X+65  Y+25
77 L  Y+40
78 RND R3
79 L  X+50
80 CT  X+50  Y+60
81 L  X+65
82 RND R3
83 L  Y+70
84 LBL 0
85 END PGM UEBUNG_3 MM
```

Im Hauptprogramm setzen wir nun nach dem zweiten Aufruf des Unterprogramms LBL „Aussenkontur" fort.

Wechseln Sie das Werkzeug FRAESER_D16 ein und starten Sie die Spindel mit M3.

Da Sie die Kontur wie einen „Zaun" programmiert haben, müssen wir nun definieren, dass es sich bei der Kontur um eine Tasche handelt. Die machen wir mit dem Befehl CONTOUR DEF.

Gehen Sie folgendermaßen vor:

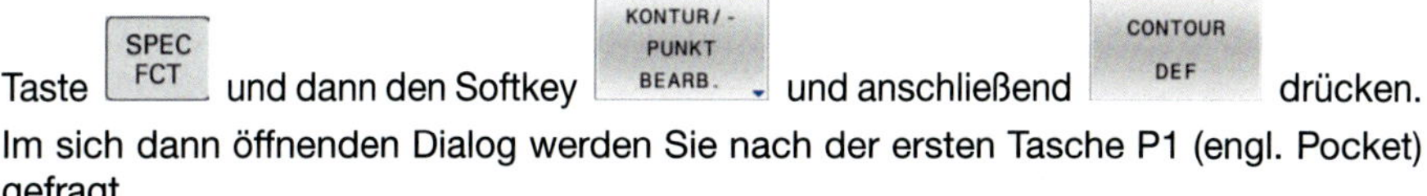

Taste SPEC FCT und dann den Softkey KONTUR/-PUNKT BEARB. und anschließend CONTOUR DEF drücken.

Im sich dann öffnenden Dialog werden Sie nach der ersten Tasche P1 (engl. Pocket) gefragt.

26 CONTOUR DEF P1 = Bestätigen Sie mit ENT.

Wählen Sie nun im Softkey-Menü:

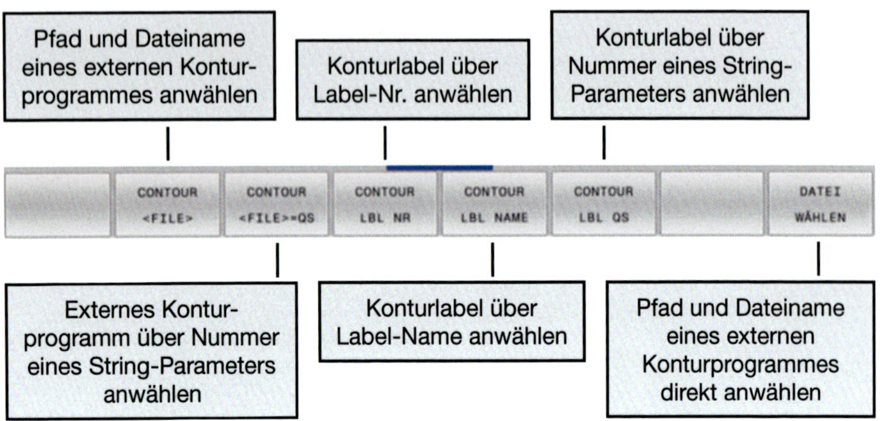

Wählen Sie CONTOUR LBL NAME und geben Sie den Namen „Innenkontur“ ein. Achten Sie auf Groß- und Kleinschreibung. Der Name muss exakt so geschrieben sein, wie das Label tatsächlich heißt.

Beenden Sie den Dialog mit END.

Da wir nur eine Tasche haben, ist unser Dialog an dieser Stelle abgeschlossen.

```
26 CONTOUR DEF
   P1 = LBL "Innenkontur"
```

Programmierhinweis:

Sie können beim Befehl CONTOUR DEF insgesamt neun Konturen miteinander verbinden, die wahlweise Tasche (P), oder auch Insel (I) sind. Dies wählen Sie im weiteren Dialog mit den Softkeys

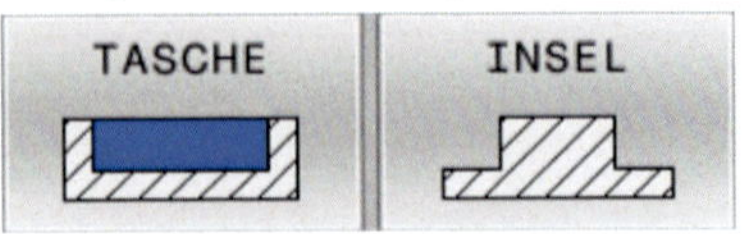

.

Ebenso können Sie jeder Kontur eine separate Tiefe (bei Taschen), bzw. Höhe (bei Inseln) zuweisen.

Beispiel:

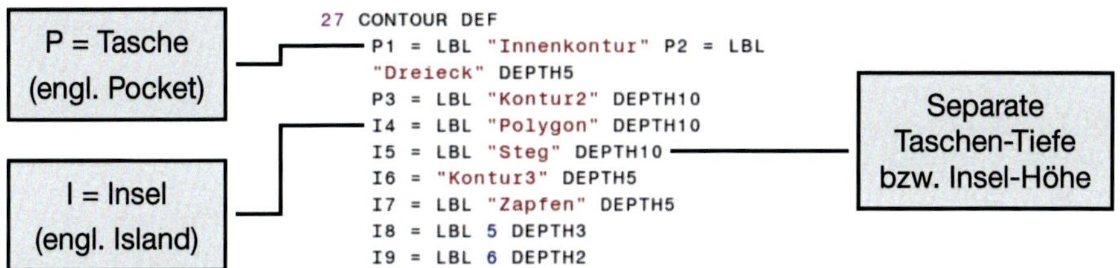

Nachdem die Kontur zugewiesen wurde, ergänzen Sie den SL-Zyklus 20 „Konturdaten".

SL steht als Abkürzung für den englischen Begriff Subcontour List oder zu Deutsch Unterkonturen Liste. Genau das ist es, was Sie im Befehl CONTOUR DEF finden: eine Liste der Konturen, die wir ausräumen möchten, auch wenn diese Liste in unserer Übung mit nur einer Kontur recht kurz ist.

Eine ältere Variante hiervon ist der Zyklus 14 „Kontur", den wir zugunsten des modernen Befehls CONTOUR DEF nicht verwenden.

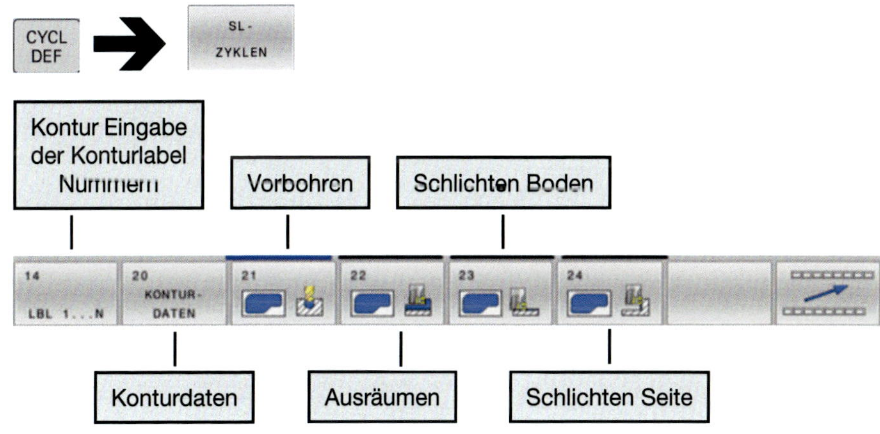

Die Softkey-Ebenen zwei bis drei werden in diesem Buch nicht besprochen und dienen hier nur der Vollständigkeit halber zur Übersicht.

SL-Zyklen Ebene 2: Zyklen zur Zylinder-Mantelfächen-Interpolation

SL-Zyklen Ebene 3: Konturzugdaten, Konturzug, Wirbelnutfräsen, 3-D-Konturzug

SL-Zyklen Ebene 4: OCM-Zyklen (Option: optimiertes Konturfräsen)

11.8 Erläuterung der Zyklusparameter Zyklus 20 „Konturdaten“

Parameter	Bedeutung	Erklärung	Hilfsbild
Q1	Frästiefe	(inkremental): Abstand Werkstückoberfläche – Taschengrund. Eingabebereich -99999,9999 bis 99999,9999	
Q2	Bahn-Überlappung Faktor	Q2 x-Werkzeugradius ergibt die seitliche Zustellung k. Eingabebereich +0,0001 bis 1,9999	

Parameter	Bedeutung	Erklärung	Hilfsbild
Q3	Schlichtaufmaß Seite	(inkremental): Schlichtaufmaß in der Bearbeitungsebene. Eingabebereich -99999,9999 bis 99999,9999	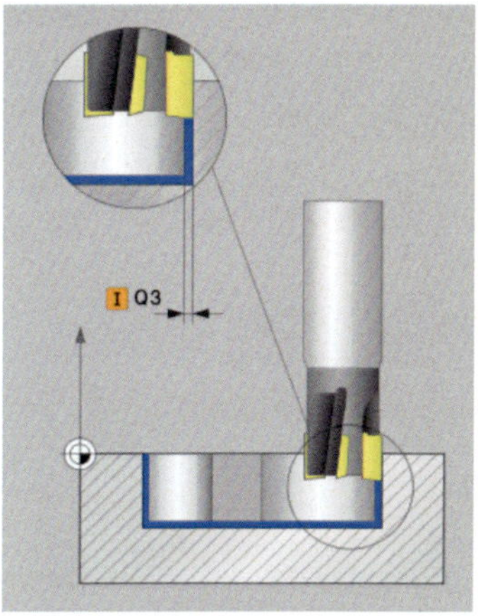
Q4	Schlichtaufmaß Tiefe	(inkremental): Schlichtaufmaß für die Tiefe. Eingabebereich -99999,9999 bis 99999,9999	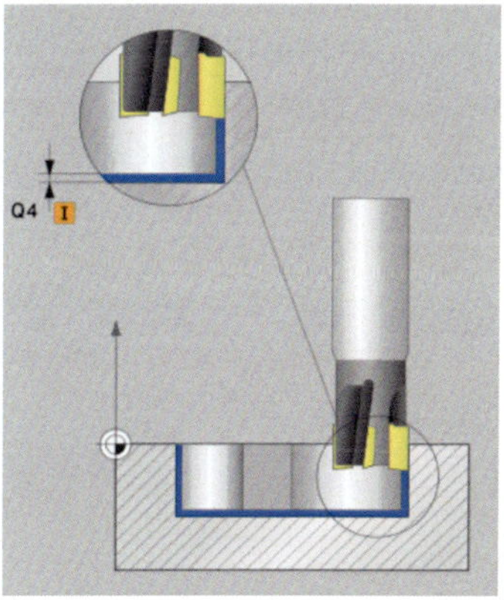
Q5	Koordinaten Werkstückoberfläche	(absolut): Absolute Koordinate der Werkstück-oberfläche. Eingabebereich -99999,9999 bis 99999,9999	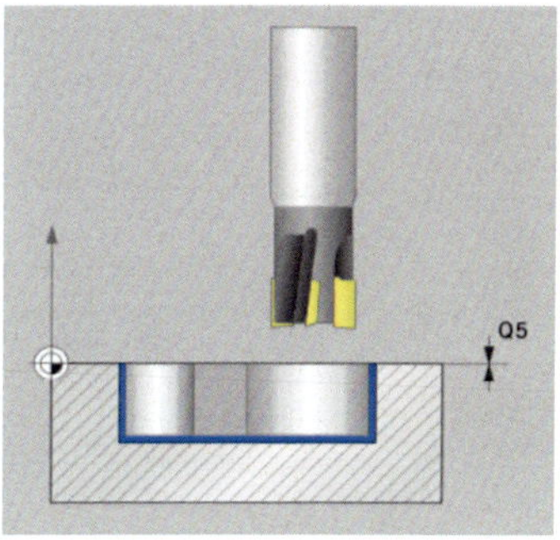

Parameter	Bedeutung	Erklärung	Hilfsbild
Q6	Sicherheits-abstand	(inkremental): Abstand zwischen Werkzeugstirnfläche und Werkstück-oberfläche. Eingabebereich 0 bis 99999,9999	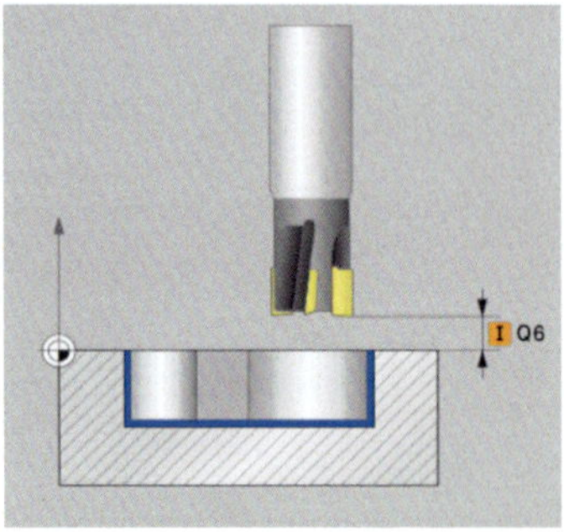 Q6
Q7	Sichere Höhe	(absolut): Absolute Höhe, in der keine Kollision mit dem Werkstück erfolgen kann (für Zwischenpositionie-rung und Rückzug am Zyklusende). Eingabebereich -99999,9999 bis 99999,9999	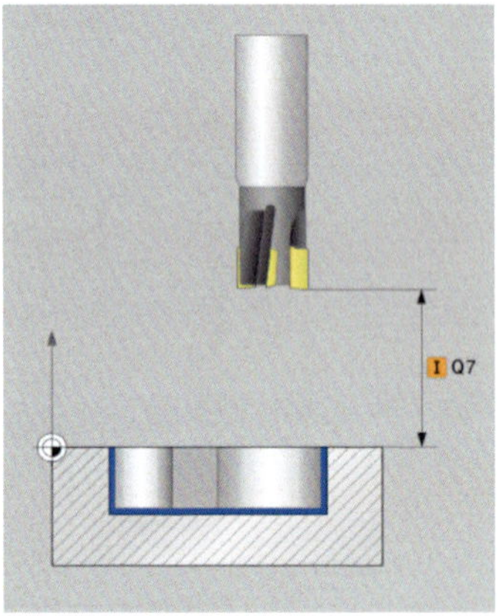 Q7

Parameter	Bedeutung	Erklärung	Hilfsbild
Q8	Rundungs-radius	Verrundungsradius an Innen-"Ecken"; Eingegebener Wert bezieht sich auf die Werkzeugmittelpunktsbahn und wird verwendet, um weichere Verfahrbewegungen zwischen Konturelementen zu errechnen. Q8 ist kein Radius, den die Steuerung als separates Konturelement zwischen programmierte Elemente einfügt! Eingabebereich 0 bis 99999,9999	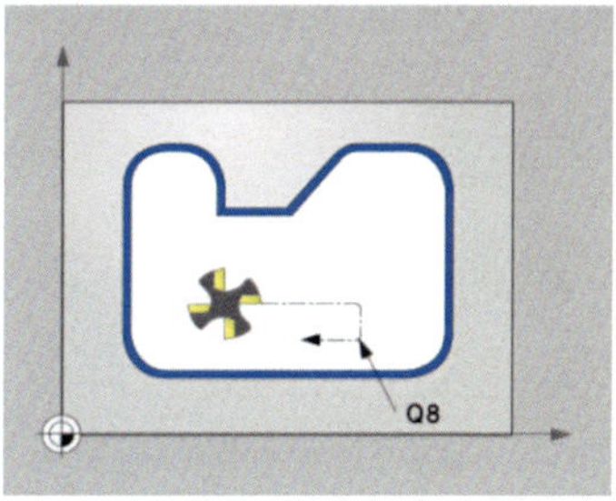 Q8
Q9	Drehsinn	Bearbeitungsrichtung für Taschen Q9 = -1 Gegenlauf für Tasche und Insel Q9 = +1 Gleichlauf für Tasche und Insel	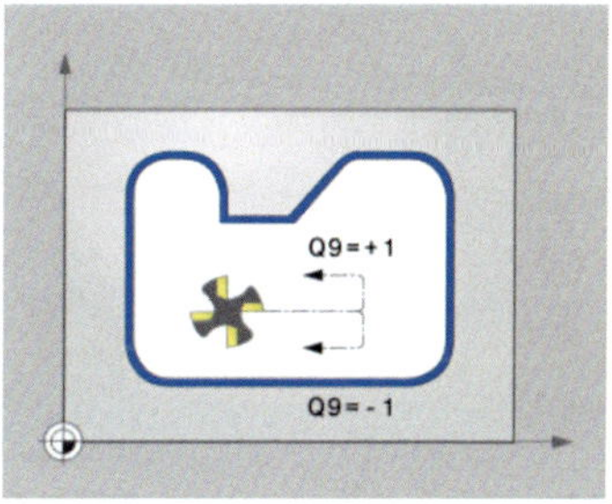 Q9=+1 Q9=-1

Der Zyklus 20 „Konturdaten“ enthält, wie der Name schon sagt, nur ergänzende Daten zur Kontur. Der Zyklus verursacht selbst aber noch keine Späne. Somit ist dieser Zyklus DEF-aktiv, das heißt, er muss nicht aufgerufen werden.

Für die Späne sorgt dagegen der nächste Zyklus, nämlich der Zyklus 22 „Ausräumen“, den wir direkt im Anschluss an Zyklus 20 programmieren.

11.9 Erläuterung der Zyklusparameter Zyklus 22 „Ausräumen“

Parameter	Bedeutung	Erklärung	Hilfsbild
Q10	Zustelltiefe	(inkremental): Maß, um das das Werkzeug jeweils zugestellt wird. Eingabebereich -99999,9999 bis 99999,9999	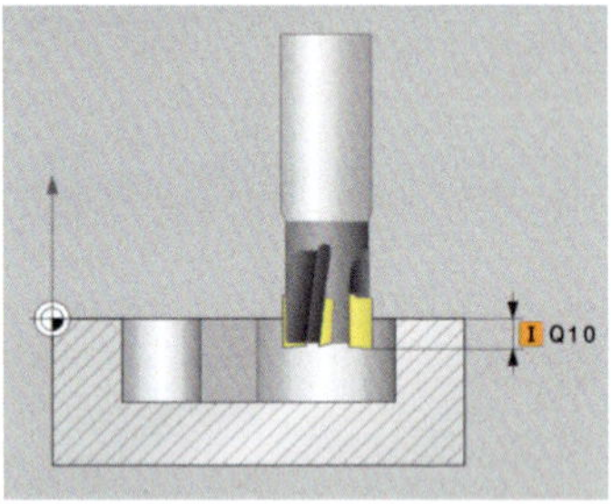 Q10
Q11	Vorschub Tiefen-zustellung	Vorschub bei Verfahrbewegungen in der Spindelachse. Eingabebereich 0 bis 99999,9999, alternativ FAUTO, FU, FZ	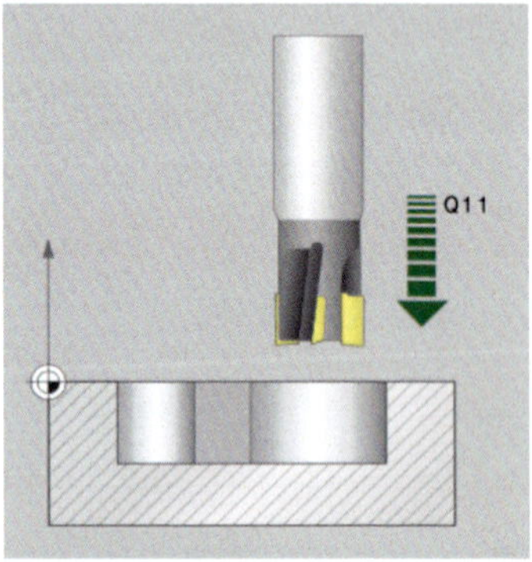 Q11
Q12	Vorschub Ausräumen	Vorschub bei Verfahrbewegungen in der Bearbeitungsebene. Eingabebereich 0 bis 99999,9999, alternativ FAUTO, FU, FZ	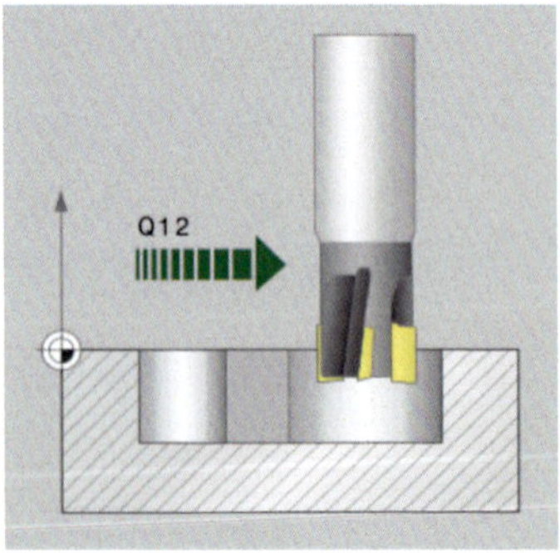 Q12

Parameter	Bedeutung	Erklärung	Hilfsbild
Q18/ QS18	Nummer/ Name Vorräum-werkzeug	Nummer oder Name des Werkzeugs, mit dem die Steuerung bereits vorgeräumt hat. Sie haben die Möglichkeit, per Softkey das Vorräumwerkzeug direkt aus der Werkzeugtabelle zu übernehmen. Außerdem können Sie mit dem Softkey Werkzeugname selbst den Werkzeugnamen eingeben. Die Steuerung fügt das Anführungszeichen oben-Zeichen automatisch ein, wenn Sie das Eingabefeld verlassen. Falls nicht vorgeräumt wurde, „0" eingeben; falls Sie hier eine Nummer oder einen Namen eingeben, räumt die Steuerung nur den Teil aus, der mit dem Vorräumwerkzeug nicht bearbeitet werden konnte. Falls der Nachräumbereich nicht seitlich anzufahren ist, taucht die Steuerung pendelnd ein; dazu müssen Sie in der Werkzeugtabelle TOOL.T, die Schneidenlänge LCUTS und den maximalen Eintauchwinkel ANGLE des Werkzeugs definieren. Eingabebereich 0 bis 99999 bei Nummerneingabe, maximal 16 Zeichen bei Namenseingabe	

Parameter	Bedeutung	Erklärung	Hilfsbild
Q19	Vorschub pendeln	Pendelvorschub in mm/min. Eingabebereich 0 bis 99999,9999, alternativ FAUTO, FU, FZ	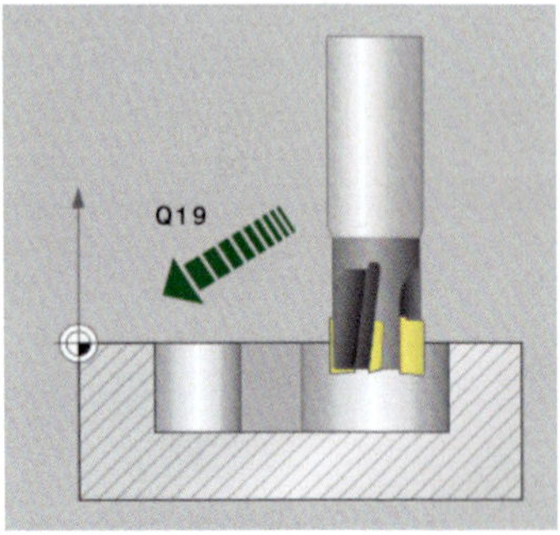
Q208	Vorschub Rückzug	Verfahrgeschwindigkeit des Werkzeugs beim Herausfahren nach der Bearbeitung in mm/min. Wenn Sie Q208=0 eingeben, dann fährt die Steuerung das Werkzeug mit Vorschub Q12 heraus. Eingabebereit	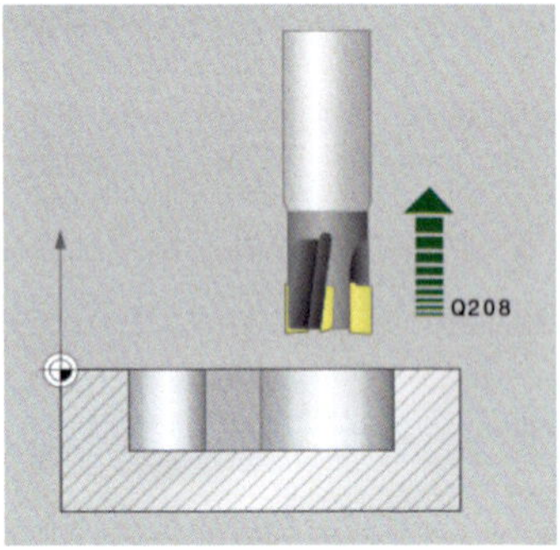

Parameter	Bedeutung	Erklärung	Hilfsbild
Q401	Vorschub-faktor in %	Prozentualer Faktor, auf den die Steuerung den Bearbeitungsvorschub (Q12) reduziert, sobald das Werkzeug beim Ausräumen mit dem vollen Umfang im Material verfährt. Wenn Sie die Vorschubreduzierung nutzen, dann können Sie den Vorschub Ausräumen so groß definieren, dass bei der im Zyklus 20 festgelegten Bahnüberlappung (Q2) optimale Schnittbedingungen herrschen. Die Steuerung reduziert dann an Übergängen oder Engstellen den Vorschub wie von Ihnen definiert, sodass die Bearbeitungszeit insgesamt kleiner sein sollte. Eingabebereich 0,0001 bis 100,0000	Q12 = Q401%

Parameter	Bedeutung	Erklärung	Hilfsbild
Q404	Nachräum-strategie	Festlegen, wie die Steuerung beim Nachräumen verfahren soll, wenn der Radius des Nachräumwerkzeuges gleich oder größer als die Hälfte des Radius des Vorräumwerkzeuges ist. Q404=0: Die Steuerung verfährt das Werkzeug zwischen den nachzuräumenden Bereichen auf aktueller Tiefe entlang der Kontur. Q404=1: Die Steuerung zieht das Werkzeug zwischen den nachzuräumenden Bereichen auf Sicherheitsabstand zurück und fährt anschließend zum Startpunkt des nächsten Ausräumbereiches.	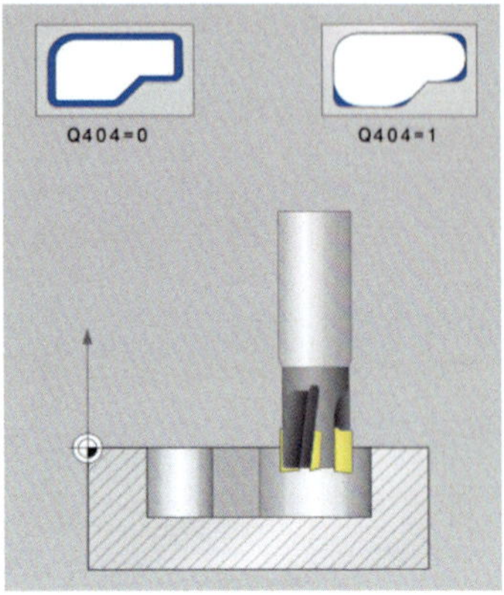 Q404=0 Q404=1

Da alle Koordinaten im Konturlabel enthalten sind, benötigt dieser Zyklus keine Vorpositionierung des Werkzeugs. Sie können den Zyklus also mit einem einfachen CYCL CALL aufrufen.

```
24 TOOL CALL "FRAESER_D16" Z S5968 FZ0.1
25 M3
26 CONTOUR DEF
   P1 = LBL "Innenkontur"
27 CYCL DEF 20 KONTUR-DATEN
    Q1=-5      ;FRAESTIEFE
    Q2=+1.5    ;BAHN-UEBERLAPPUNG
    Q3=+0.5    ;AUFMASS SEITE
    Q4=+0      ;AUFMASS TIEFE
    Q5=+0      ;KOOR. OBERFLAECHE
    Q6=+2      ;SICHERHEITS-ABST.
    Q7=+10     ;SICHERE HOEHE
    Q8=+0      ;RUNDUNGSRADIUS
    Q9=+1      ;DREHSINN
28 CYCL DEF 22 AUSRAEUMEN
    Q10=-5      ;ZUSTELL-TIEFE
    Q11= AUTO   ;VORSCHUB TIEFENZ.
    Q12= AUTO   ;VORSCHUB RAEUMEN
    Q18=+0      ;VORRAEUM-WERKZEUG
    Q19= AUTO   ;VORSCHUB PENDELN
    Q208= MAX   ;VORSCHUB RUECKZUG
    Q401=+100   ;VORSCHUBFAKTOR
    Q404=+0     ;NACHRAEUMSTRATEGIE
29 CYCL CALL
```

Zum Schlichten der Seite wechseln Sie nun das Werkzeug FRAESER_D10 ein, programmieren den Zyklus 24 „Schlichten Seite“ und rufen diesen wieder mit CYCL CALL auf.

Anschließend simulieren Sie die dann fertige Übung 3 in der Betriebsart Programm test.

11.10 Erläuterung der Zyklusparameter Zyklus 24 „Schlichten Seite“

Parameter	Bedeutung	Erklärung	Hilfsbild
Q9	Drehsinn	Bearbeitungsrichtung für Taschen Q9 = -1 Gegenlauf für Tasche und Insel Q9 = +1 Gleichlauf für Tasche und Insel Q10 Zustelltiefe (inkremental): Maß, um das das Werkzeug jeweils zugestellt wird. Eingabebereich -99999,9999 bis 99999,9999	Q9=+1 Q9=-1
Q10	Zustelltiefe	(inkremental): Maß, um das das Werkzeug jeweils zugestellt wird. Eingabebereich -99999,9999 bis 99999,9999	Q10
Q11	Vorschub Tiefenzustellung	Vorschub bei Verfahrbewegungen in der Spindelachse. Eingabebereich 0 bis 99999,9999, alternativ FAUTO, FU, FZ	Q11

Parameter	Bedeutung	Erklärung	Hilfsbild
Q12	Vorschub Ausräumen	Vorschub bei Verfahrbewegungen in der Bearbeitungsebene. Eingabebereich 0 bis 99999,9999, alternativ FAUTO, FU, FZ	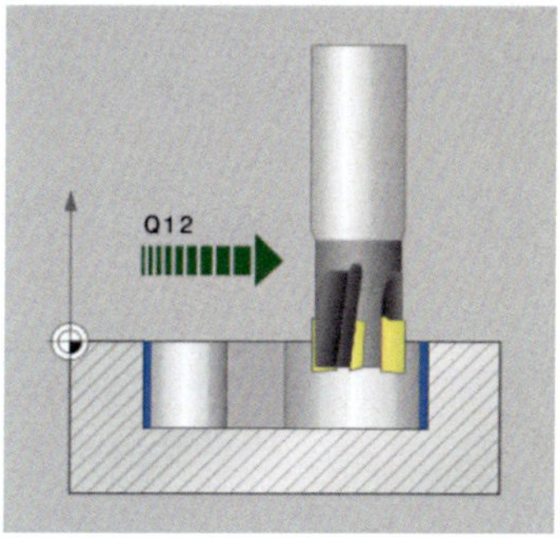
Q14	Schlichtaufmaß Seite	(inkremental): Das Aufmaß Seite Q14 bleibt nach dem Schlichten stehen. (Dieses Aufmaß muss kleiner sein als das Aufmaß im Zyklus 20.) Eingabebereich -99999,9999 bis 99999,9999	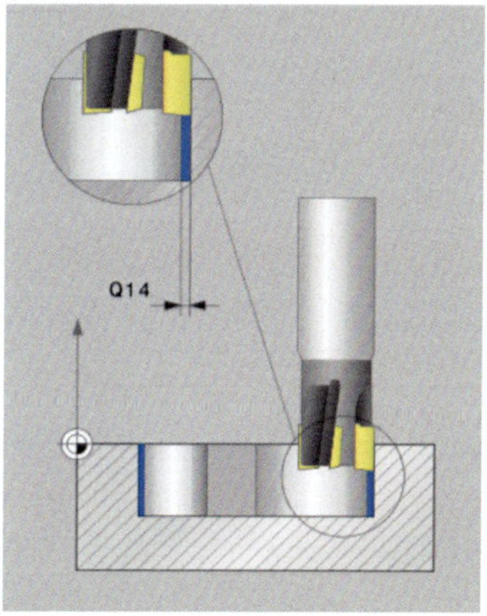

Parameter	Bedeutung	Erklärung	Hilfsbild
Q438 / QS438	Nummer/ Name des Ausräum-werkzeugs	Nummer oder Name des Werkzeugs, mit dem die Steuerung die Konturtasche ausgeräumt hat. Sie haben die Möglichkeit, per Softkey das Vorräumwerkzeug direkt aus der Werkzeugtabelle zu übernehmen. Außerdem können Sie mit dem Softkey Werkzeugname selbst den Werkzeugnamen eingeben. Wenn Sie das Eingabefeld verlassen, fügt die Steuerung das Anführungszeichen oben automatisch ein. Eingabebereich bei Nummerneingabe -1 bis +32767,9 Q438=-1: Das zuletzt verwendete Werkzeug wird als Ausräumwerkzeug angenommen (Standardverhalten). Q438=0: Falls nicht vorgeräumt wurde, geben Sie die Nummer eines Werkzeugs mit Radius 0 an. Das ist üblicherweise das Werkzeug mit der Nummer 0.	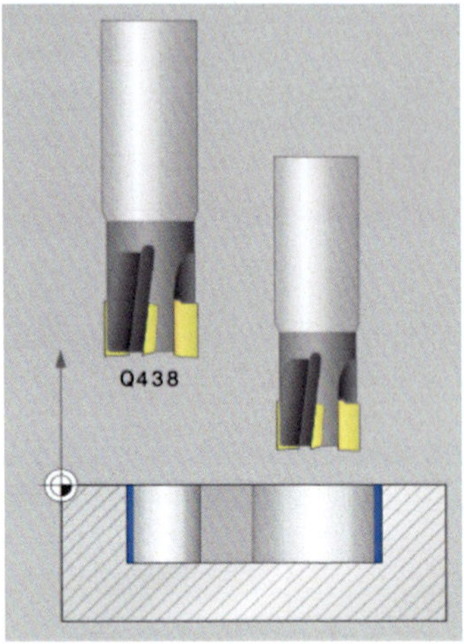

```
30 TOOL CALL "FRAESER_D10" Z S11141 FZ0.06
31 M3
32 CYCL DEF 24 SCHLICHTEN SEITE
    Q9=+1       ;DREHSINN
    Q10=-5      ;ZUSTELL-TIEFE
    Q11= AUTO   ;VORSCHUB TIEFENZ.
    Q12= AUTO   ;VORSCHUB RAEUMEN
    Q14=+0      ;AUFMASS SEITE
    Q438=-1     ;AUSRAEUM-WERKZEUG
33 CYCL CALL
34 L  Z+100 R0 FMAX M30
```

Screenshot Simulation Übung 3:

12 Übung 4: Taschen und Nuten

Im letzten Schritt unseres kleinen HEIDENHAIN-KLARTEXT-Crashkurses lernen Sie noch ein paar Zyklen zum Fräsen von Taschen und Nuten.

Im Grunde sind nur die Zyklen selbst neu in dieser Lektion. Die Vorgehensweise ist die gleiche, die Sie bereits gelernt haben. Wahrscheinlich werden Sie schon ein Gefühl für die Steuerung entwickelt haben, sodass Sie diese Übung auch ohne Anleitung lösen könnten. Probieren sie es doch aus.

Kopieren Sie hierzu wieder die vorangegangene Übung unter dem Namen Uebung_4.h und setzen Sie in diesem Programm die Bearbeitung fort.

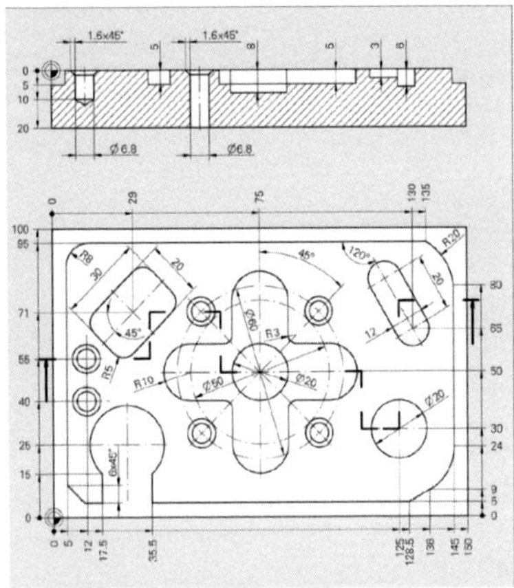

Arbeitsschritt	Werkzeugname	Durchmesser (mm)	FZ (mm/Zahn)	VC (mm/min)
Beide Kreistaschen schruppen	FRAESER_D10	10	0,1	300
Nut schruppen	FRAESER_D10	10	0,1	300
Nut schlichten	FRAESER_D8	8	0,06	300
Rechteck-tasche schruppen und schlichten	FRAESER_D8	8	0,1 0,06	300

12.1 Erläuterung der Zyklusparameter Zyklus 252 „Kreistasche“

Parameter	Bedeutung	Erklärung	Hilfsbild
Q215	Bearbeitungsumfang	Bearbeitungsumfang festlegen: 0: Schruppen und Schlichten 1: Nur Schruppen 2: Nur Schlichten Schlichten Seite und Schlichten Tiefe werden nur ausgeführt, wenn das jeweilige Schlichtaufmaß (Q368, Q369) definiert ist.	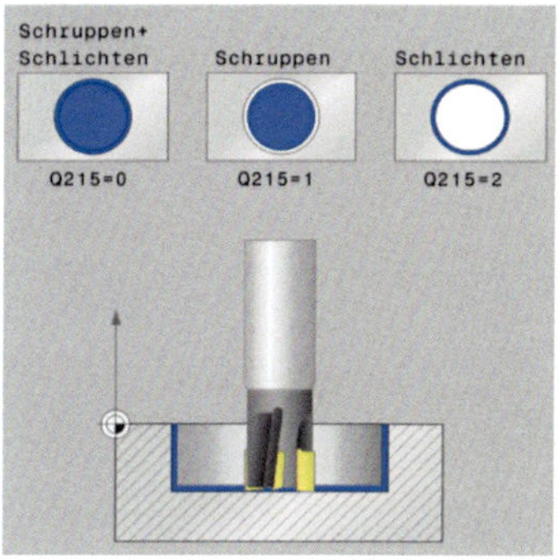
Q223	Kreisdurchmesser	Durchmesser der fertig bearbeiteten Tasche. Eingabebereich 0 bis 99999,9999	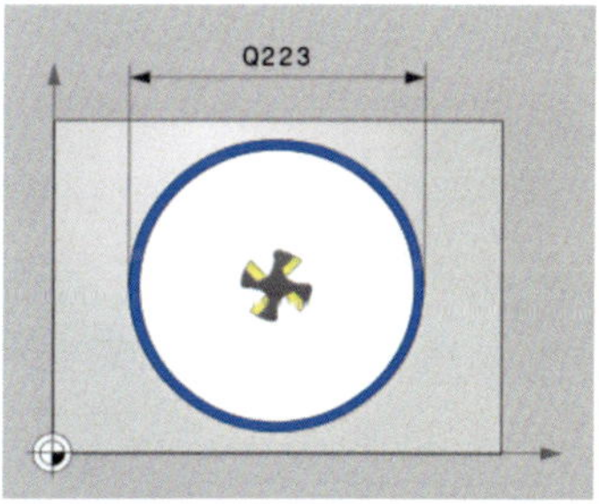
Q368	Schlichtaufmaß Seite	(inkremental): Schlichtaufmaß in der Bearbeitungsebene. Eingabebereich 0 bis 99999,9999	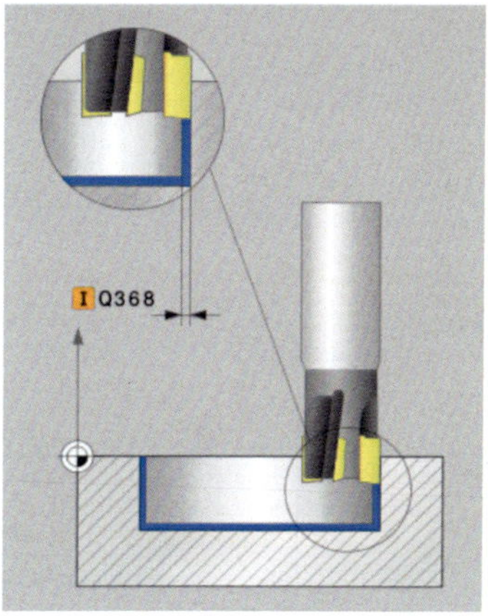

Parameter	Bedeutung	Erklärung	Hilfsbild
Q207	Vorschub Fräsen	Verfahrgeschwindigkeit des Werkzeugs beim Fräsen in mm/min. Eingabebereich 0 bis 99999,999, alternativ FAUTO, FU, FZ	
Q351	Fräsart	Art der Fräsbearbeitung. Die Spindeldrehrichtung wird berücksichtigt: +1 = Gleichlauffräsen –1 = Gegenlauffräsen PREDEF: Die Steuerung übernimmt den Wert eines GLOBAL DEF-Satzes (Wenn Sie 0 eingeben, erfolgt die Bearbeitung im Gleichlauf.)	
Q201	Tiefe	(inkremental): Abstand Werkstückoberfläche – Taschengrund. Eingabebereich -99999,9999 bis 99999,9999	
Q202	Zustelltiefe	(inkremental): Maß, um welches das Werkzeug jeweils zugestellt wird; Wert größer 0 eingeben. Eingabebereich 0 bis 99999,9999	

Parameter	Bedeutung	Erklärung	Hilfsbild
Q369	Schlichtaufmaß Tiefe	(inkremental): Schlichtaufmaß für die Tiefe. Eingabebereich 0 bis 99999,9999	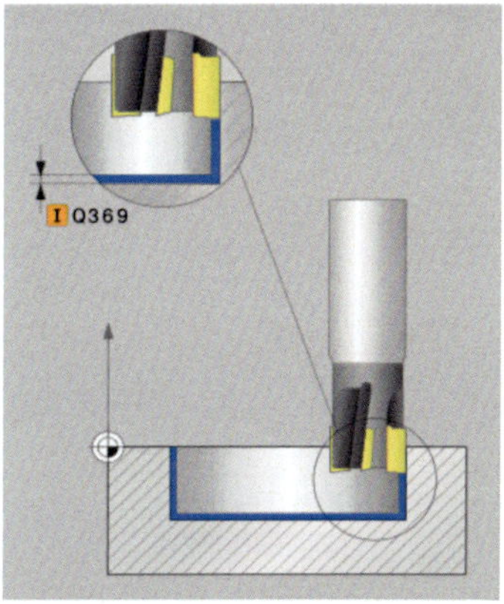
Q206	Vorschub Tiefenzustellung	Verfahrgeschwindigkeit des Werkzeugs beim Fahren auf Tiefe in mm/min. Eingabebereich 0 bis 99999,999, alternativ FAUTO, FU, FZ	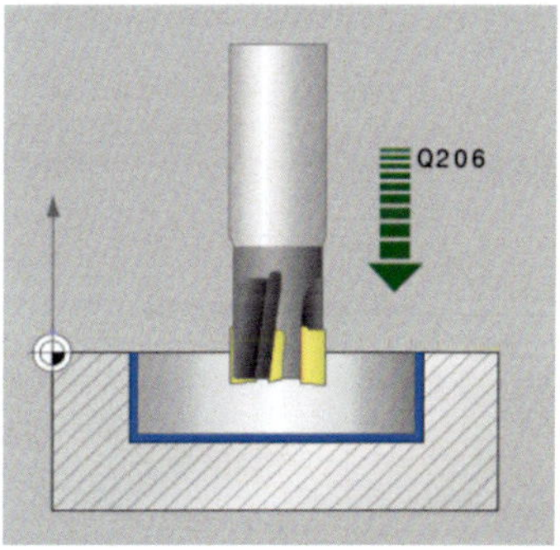
Q338	Zustellung Schlichten	(inkremental): Maß, um welches das Werkzeug in der Spindelachse beim Schlichten zugestellt wird. Q338=0: Schlichten in einer Zustellung. Eingabebereich 0 bis 99999,9999	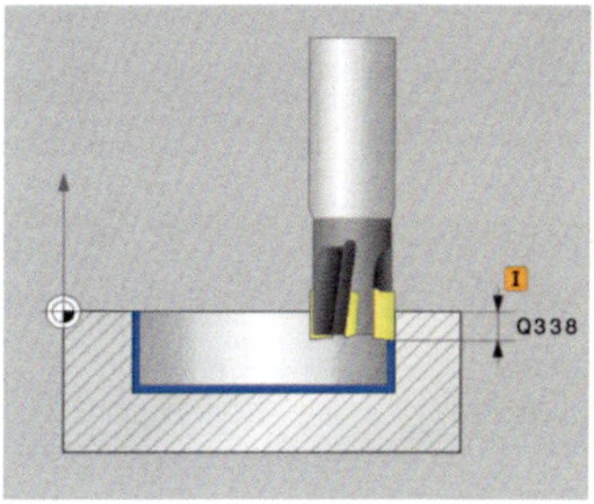

Parameter	Bedeutung	Erklärung	Hilfsbild
Q200	Sicherheits-abstand	(inkremental): Abstand zwischen Werkzeugspitze und Werkstück-oberfläche. Eingabebereich 0 bis 99999,9999, alternativ PREDEF	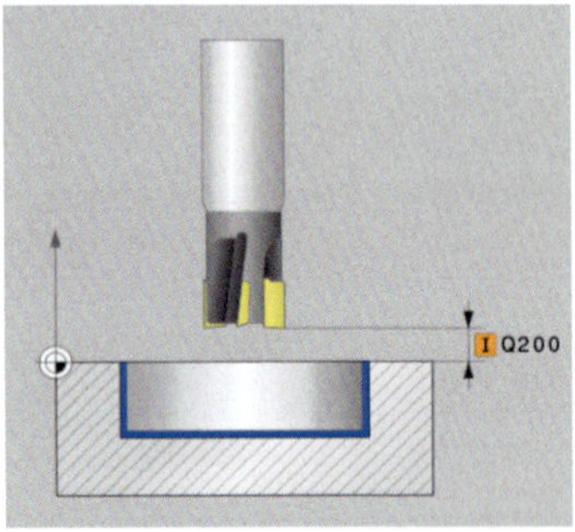 Q200
Q203	Koordinaten Werkstück-Oberfläche	(absolut): Koordinate der Werkstückoberfläche in Bezug auf den aktiven Bezugspunkt. Eingabebereich -99999,9999 bis 99999,9999	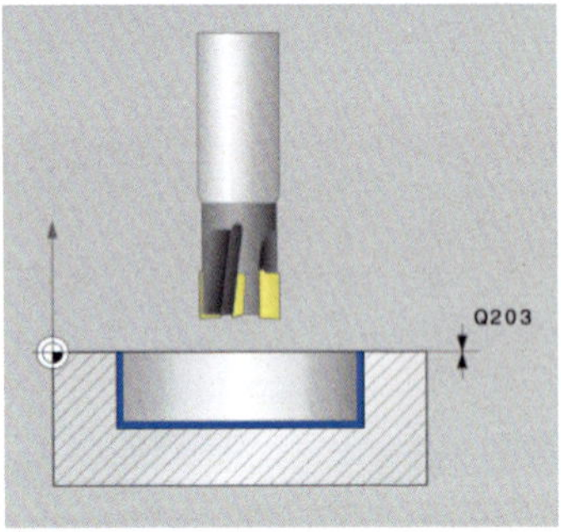 Q203
Q204	2. Sicher-heitsab-stand	(inkremental): Koordinate Spindelachse, in der keine Kollision zwischen Werkzeug und Werkstück (Spannmittel) erfolgen kann. Eingabebereich 0 bis 99999,9999, alternativ PREDEF	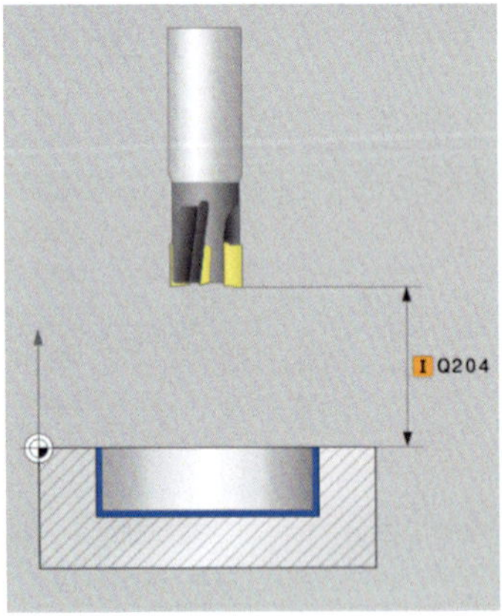 Q204

Parameter	Bedeutung	Erklärung	Hilfsbild
Q370	Bahnüberlappung Faktor	Q370 x Werkzeugradius ergibt die seitliche Zustellung k. Die Überlappung wird als maximale Überlappung angesehen. Um zu vermeiden, dass an den Ecken Restmaterial stehen bleibt, kann eine Reduzierung der Überlappung erfolgen. Eingabebereich 0,1 bis 1,9999, alternativ PREDEF	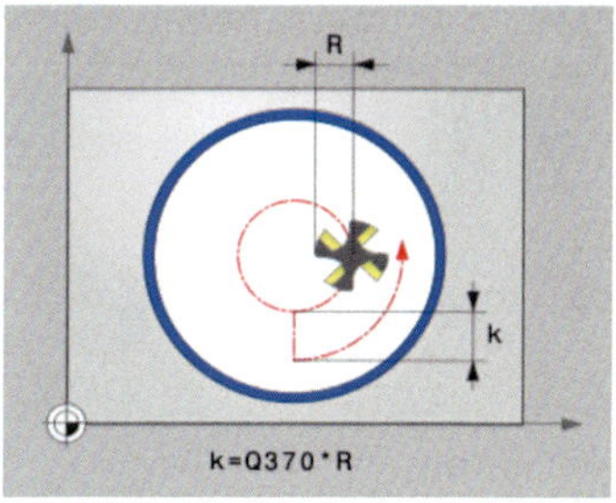
Q366	Eintauchstrategie	Art der Eintauchstrategie: 0: senkrecht eintauchen. In der Werkzeugtabelle muss für das aktive Werkzeug der Eintauchwinkel ANGLE 0 oder 90 eingegeben werden. Ansonsten gibt die Steuerung eine Fehlermeldung aus 1: helixförmig eintauchen. In der Werkzeugtabelle muss für das aktive Werkzeug der Eintauchwinkel ANGLE ungleich 0 definiert sein. Ansonsten gibt die Steuerung eine Fehlermeldung aus. Definieren Sie ggf. den Wert der Schneidenbreite RCUTS in der Werkzeugtabelle. Alternativ PREDEF	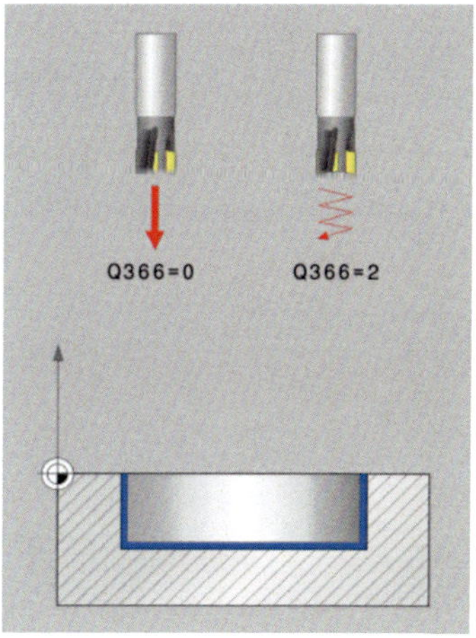

Parameter	Bedeutung	Erklärung	Hilfsbild
Q385	Vorschub Schlichten	Verfahrgeschwindigkeit des Werkzeugs beim Seiten- und Tiefenschlichten in mm/min. Eingabebereich 0 bis 99999,999, alternativ FAUTO, FU, FZ	
Q439	Bezug Vorschub	Festlegen, worauf sich der programmierte Vorschub bezieht: 0: Vorschub bezieht sich auf die Mittelpunktsbahn des Werkzeugs. 1: Vorschub bezieht sich nur beim Schlichten Seite auf die Werkzeugschneide, ansonsten auf die Mittelpunktsbahn. 2: Vorschub bezieht sich beim Schlichten Seite und Schlichten Tiefe auf die Werkzeugschneide, ansonsten auf die Mittelpunktsbahn. 3: Vorschub bezieht sich immer auf die Werkzeugschneide.	

In der Zeichnung sind beide Kreistaschen in Durchmesser (20 mm) und Tiefe (3 mm) gleich. Nur die Koordinatenoberfläche verändert sich. Für diesen Umstand hält die Steuerung eine einfache, elegante Lösung parat, nämlich den Zyklusaufruf CYCL CALL POS.

Programmieren Sie den Zyklus auf die Koordinatenoberfläche Q203=0 und verschieben Sie den Zyklus in der Werkzeugachse über die Z-Koordinate im CYCL CALL POS-Satz

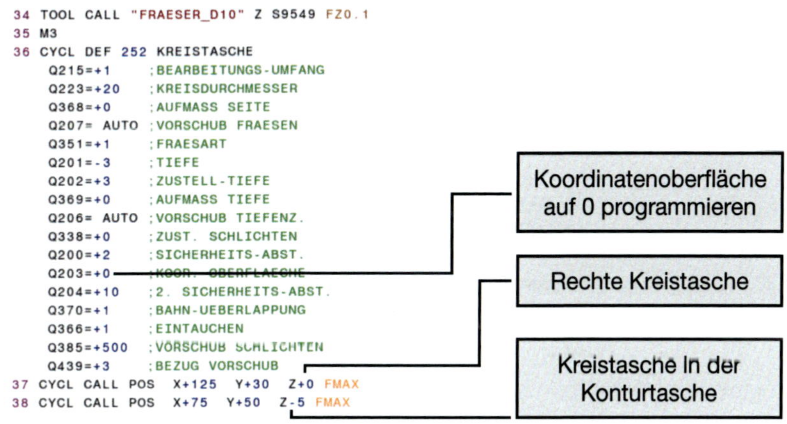

12.2 Erläuterung der Zyklusparameter Zyklus 253 „Nutfräsen“

Parameter	Bedeutung	Erklärung	Hilfsbild
Q215	Bearbeitungsumfang	Bearbeitungsumfang festlegen: 0: Schruppen und Schlichten 1: Nur Schruppen 2: Nur Schlichten Schlichten Seite und Schlichten Tiefe werden nur ausgeführt, wenn das jeweilige Schlichtaufmaß (Q368, Q369) definiert ist.	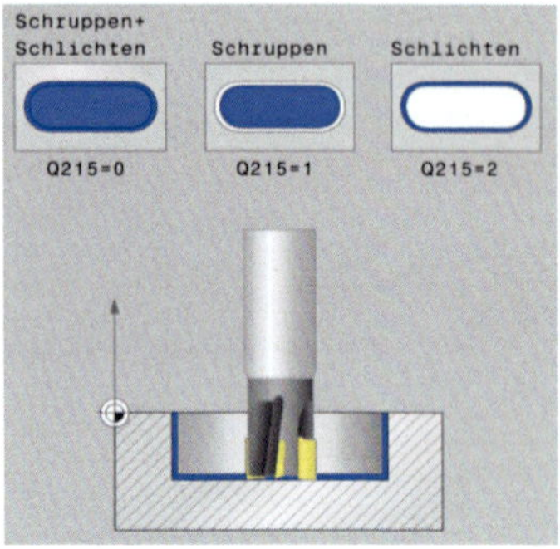 Schruppen+ Schlichten / Schruppen / Schlichten Q215=0 / Q215=1 / Q215=2
Q218	Nutlänge	(Wert parallel zur Hauptachse der Bearbeitungsebene): Längere Seite der Nut eingeben. Eingabebereich 0 bis 99999,9999	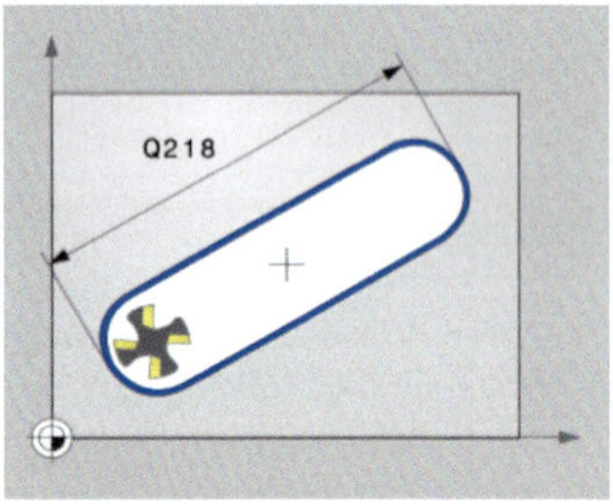 Q218
Q219	Nutbreite	Wert parallel zur Nebenachse der Bearbeitungsebene): Breite der Nut eingeben; wenn Nutbreite gleich. Werkzeugdurchmesser eingegeben, dann schruppt die Steuerung nur (Langloch fräsen). Maximale Nutbreite beim Schruppen: doppelter Werkzeugdurchmesser. Eingabebereich 0 bis 99999,9999	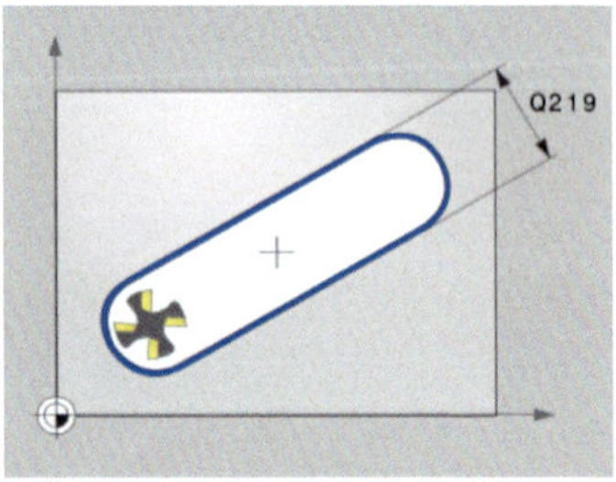 Q219

Parameter	Bedeutung	Erklärung	Hilfsbild
Q368	Schlichtaufmaß Seite	(inkremental): Schlichtaufmaß in der Bearbeitungsebene. Eingabebereich 0 bis 99999,9999	
Q374	Drehlage	(absolut): Winkel, um den die gesamte Nut gedreht wird. Das Drehzentrum liegt in der Position, auf der das Werkzeug beim Zyklusaufruf steht. Eingabebereich -360,000 bis 360,000	
Q367	Lage der Nut	Lage der Figur, bezogen auf die Position des Werkzeugs beim Zyklusaufruf: 0: Werkzeugposition = Figurmitte 1: Werkzeugposition = linkes Ende der Figur 2: Werkzeugposition = Zentrum linker Figurkreis 3: Werkzeugposition = Zentrum rechter Figurkreis 4: Werkzeugposition = rechtes Ende der Figur	

Parameter	Bedeutung	Erklärung	Hilfsbild
Q207	Vorschub Fräsen	Verfahrgeschwindigkeit des Werkzeugs beim Fräsen in mm/min. Eingabebereich 0 bis 99999,999, alternativ FAUTO, FU, FZ	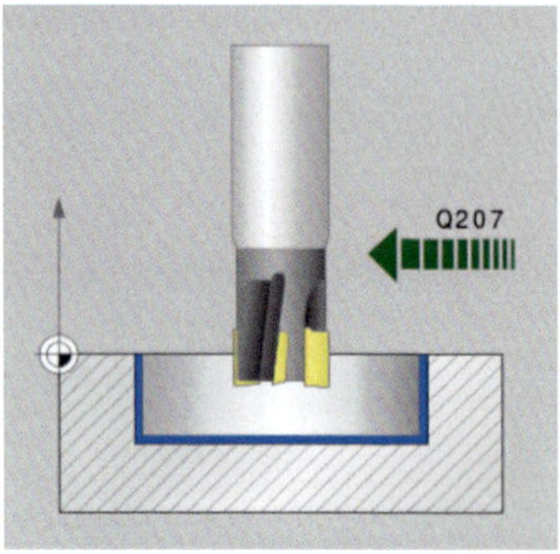 Q207
Q351	Fräsart	Art der Fräsbearbeitung. Die Spindeldrehrichtung wird berücksichtigt: +1 = Gleichlauffräsen –1 = Gegenlauffräsen PREDEF: Die Steuerung übernimmt den Wert eines GLOBAL DEF-Satzes. (Wenn Sie 0 eingeben, erfolgt die Bearbeitung im Gleichlauf.)	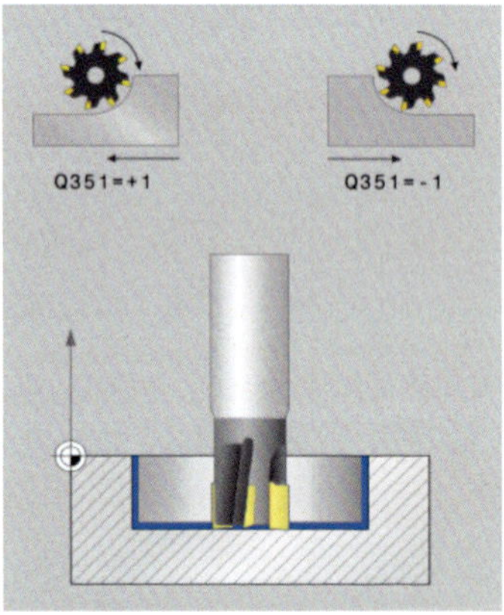 Q351=+1 Q351=-1
Q201	Tiefe	(inkremental): Abstand Werkstückoberfläche – Taschengrund. Eingabebereich -99999,9999 bis 99999,9999	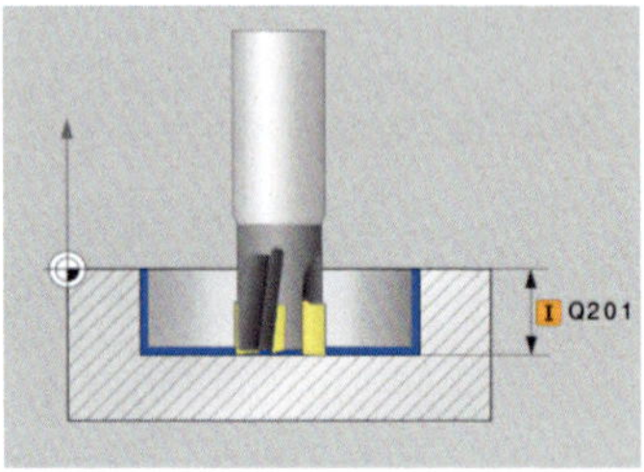 Q201

Parameter	Bedeutung	Erklärung	Hilfsbild
Q202	Zustell-tiefe	(inkremental): Maß, um welches das Werkzeug jeweils zugestellt wird; Wert größer 0 eingeben. Eingabebereich 0 bis 99999,9999	Q202
Q369	Schlichtaufmaß Tiefe	(inkremental): Schlichtaufmaß für die Tiefe. Eingabebereich 0 bis 99999,9999	Q369
Q206	Vorschub Tiefenzu-stellung	Verfahrgeschwindigkeit des Werkzeugs beim Fahren auf Tiefe in mm/min. Eingabebereich 0 bis 99999,999, alternativ FAUTO, FU, FZ	Q206

Parameter	**Bedeutung**	**Erklärung**	**Hilfsbild**
Q338	Zustellung Schlichten	(inkremental): Maß, um welches das Werkzeug in der Spindelachse beim Schlichten zugestellt wird. Q338=0: Schlichten in einer Zustellung. Eingabebereich 0 bis 99999,9999	
Q200	Sicherheits-abstand	(inkremental): Abstand zwischen Werkzeugspitze und Werkstück-oberfläche. Eingabebereich 0 bis 99999,9999, alternativ PREDEF	
Q203	Koordinaten Werkstück-oberfläche	(absolut): Koordinate der Werkstückoberfläche in Bezug auf den aktiven Bezugs-punkt. Eingabebereich -99999,9999 bis 99999,9999	

Parameter	Bedeutung	Erklärung	Hilfsbild
Q204	2. Sicher-heitsab-stand	(inkremental): Koordinate Spindelachse, in der keine Kollision zwischen Werkzeug und Werkstück (Spannmittel) erfolgen kann. Eingabebereich 0 bis 99999,9999, alternativ PREDEF	I Q204
Q366	Eintauch-strategie	Art der Eintauchstrategie: 0 = senkrecht eintauchen. Der Eintauchwinkel ANGLE in der Werkzeugtabelle wird nicht ausgewertet. 1, 2 = pendelnd eintauchen. In der Werkzeugtabelle muss für das aktive Werkzeug der Eintauchwinkel ANGLE ungleich 0 definiert sein. Ansonsten gibt die Steuerung eine Fehlermeldung aus. Alternativ PREDEF	Q366=0 Q366=1
Q385	Vorschub Schlichten	Verfahrgeschwindigkeit des Werkzeugs beim Seiten- und Tiefenschlichten in mm/min. Eingabebereich 0 bis 99999,999, alternativ FAUTO, FU, FZ	Q385

Parameter	Bedeutung	Erklärung	Hilfsbild
Q439	Bezug Vorschub	Festlegen, worauf sich der programmierte Vorschub bezieht: 0: Vorschub bezieht sich auf die Mittelpunktsbahn des Werkzeugs. 1: Vorschub bezieht sich nur beim Schlichten Seite auf die Werkzeugschneide, ansonsten auf die Mittelpunktsbahn. 2: Vorschub bezieht sich beim Schlichten Seite und Schlichten Tiefe auf die Werkzeugschneide, ansonsten auf die Mittelpunktsbahn. 3: Vorschub bezieht sich immer auf die Werkzeugschneide.	

```
39 CYCL DEF 253 NUTENFRAESEN
    Q215=+1       ;BEARBEITUNGS-UMFANG
    Q218=+32      ;NUTLAENGE
    Q219=+12      ;NUTBREITE
    Q368=+0.3     ;AUFMASS SEITE
    Q374=+120     ;DREHLAGE
    Q367=+2       ;NUTLAGE
    Q207= AUTO    ;VORSCHUB FRAESEN
    Q351=+1       ;FRAESART
    Q201=-6       ;TIEFE
    Q202=+4       ;ZUSTELL-TIEFE
    Q369=+0.3     ;AUFMASS TIEFE
    Q206= AUTO    ;VORSCHUB TIEFENZ.
    Q338=+0       ;ZUST. SCHLICHTEN
    Q200=+2       ;SICHERHEITS-ABST.
    Q203=+0       ;KOOR. OBERFLAECHE
    Q204=+2       ;2. SICHERHEITS-ABST.
    Q366=+2       ;EINTAUCHEN
    Q385=+500     ;VORSCHUB SCHLICHTEN
    Q439=+3       ;BEZUG VORSCHUB
40 L  X+130  Y+65 R0 FMAX M99
```

```
41 TOOL CALL "FRAESER_D8" Z S11937 FZ0.06
42 M3
43 CYCL DEF 253 NUTENFRAESEN
    Q215=+2       ;BEARBEITUNGS-UMFANG
    Q218=+32      ;NUTLAENGE
    Q219=+12      ;NUTBREITE
    Q368=+0.3     ;AUFMASS SEITE
    Q374=+120     ;DREHLAGE
    Q367=+2       ;NUTLAGE
    Q207= AUTO    ;VORSCHUB FRAESEN
    Q351=+1       ;FRAESART
    Q201=-6       ;TIEFE
    Q202=+4       ;ZUSTELL-TIEFE
    Q369=+0.3     ;AUFMASS TIEFE
    Q206= AUTO    ;VORSCHUB TIEFENZ.
    Q338=+0       ;ZUST. SCHLICHTEN
    Q200=+2       ;SICHERHEITS-ABST.
    Q203=+0       ;KOOR. OBERFLAECHE
    Q204=+2       ;2. SICHERHEITS-ABST.
    Q366=+2       ;EINTAUCHEN
    Q385= AUTO    ;VORSCHUB SCHLICHTEN
    Q439=+3       ;BEZUG VORSCHUB
44 L  X+130  Y+65 R0 FMAX M99
```

12.3 Erläuterung der Zyklusparameter Zyklus 251 „Rechtecktasche“

Parameter	Bedeutung	Erklärung	Hilfsbild
Q215	Bearbeitungsumfang	Bearbeitungsumfang festlegen: 0: Schruppen und Schlichten 1: Nur Schruppen 2: Nur Schlichten Schlichten Seite und Schlichten Tiefe werden nur ausgeführt, wenn das jeweilige Schlichtaufmaß (Q368, Q369) definiert ist.	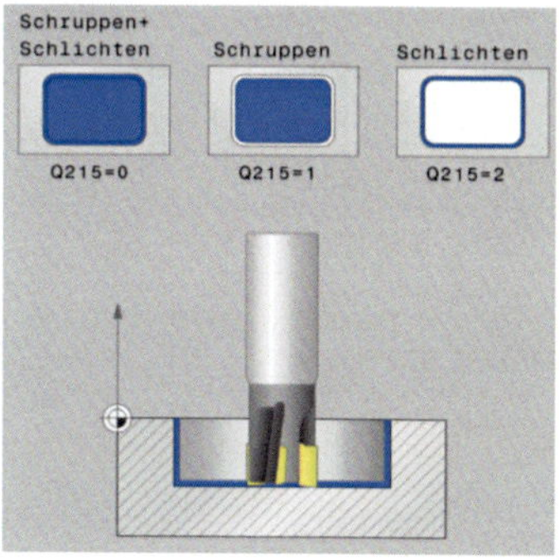
Q218	1. Seitenlänge	(inkremental): Länge der Tasche, parallel zur Hauptachse der Bearbeitungsebene. Eingabebereich 0 bis 99999,9999	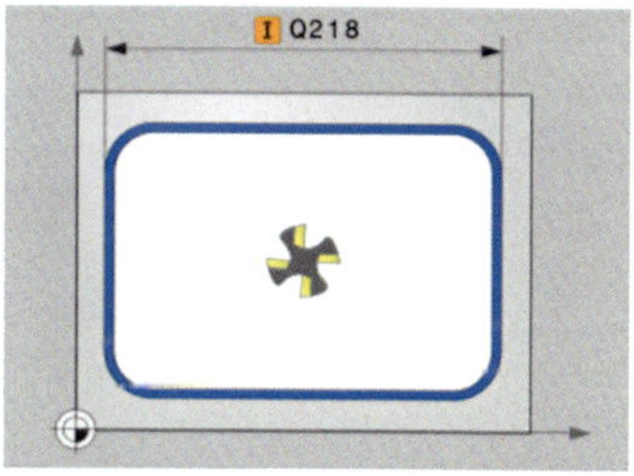
Q219	2. Seitenlänge	(inkremental): Länge der Tasche, parallel zur Nebenachse der Bearbeitungsebene. Eingabebereich 0 bis 99999,9999	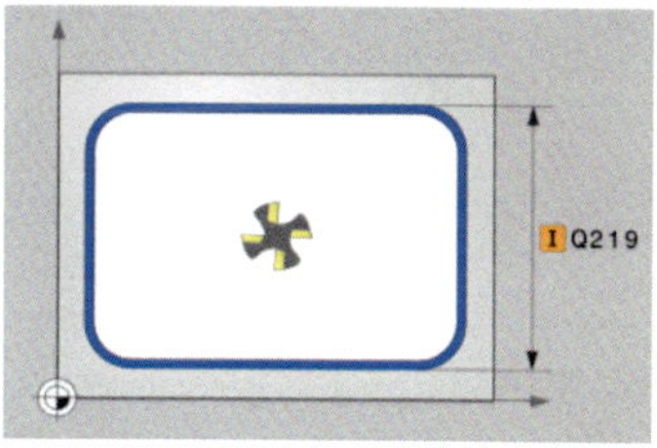
Q220	Eckenradius	Radius der Taschenecke. Wenn mit 0 eingegeben, setzt die Steuerung den Eckenradius gleich dem Werkzeugradius. Eingabebereich 0 bis 99999,9999	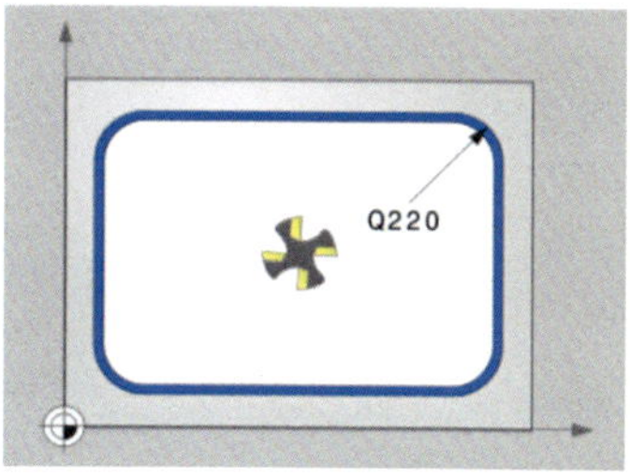

Parameter	Bedeutung	Erklärung	Hilfsbild
Q368	Schlichtaufmaß Seite	(inkremental): Schlichtaufmaß in der Bearbeitungsebene. Eingabebereich 0 bis 99999,9999	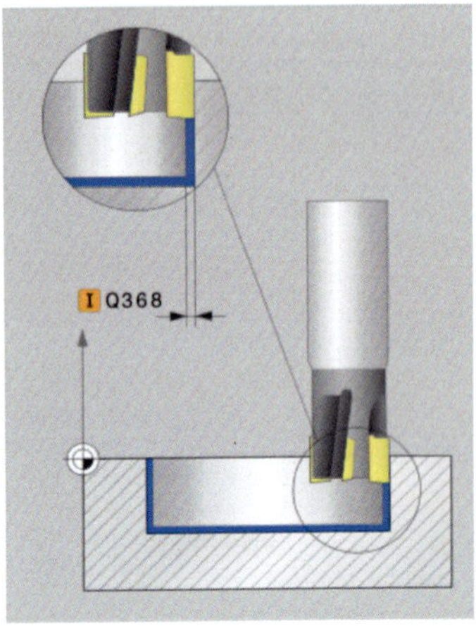 Q368
Q224	Drehlage	(absolut): Winkel, um den die gesamte Bearbeitung gedreht wird. Das Drehzentrum liegt in der Position, auf der das Werkzeug beim Zyklusaufruf steht. Eingabebereich -360,0000 bis 360,0000	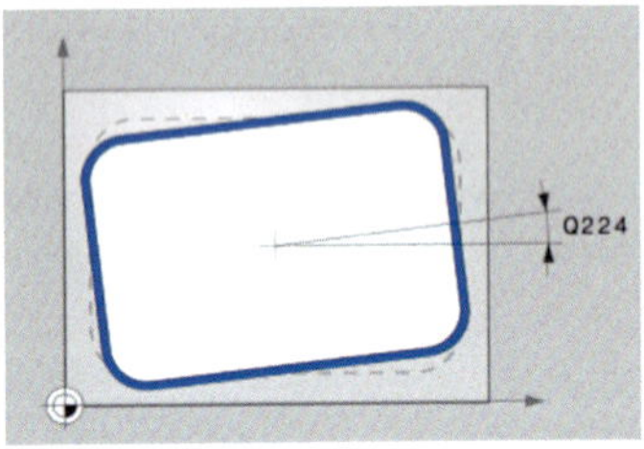 Q224
Q367	Lage der Tasche	Lage der Tasche, bezogen auf die Position des Werkzeuges beim Zyklusaufruf: 0: Werkzeugposition = Taschenmitte 1: Werkzeugposition = linke untere Ecke 2: Werkzeugposition = rechte untere Ecke 3: Werkzeugposition = rechte obere Ecke 4: Werkzeugposition = linke obere Ecke	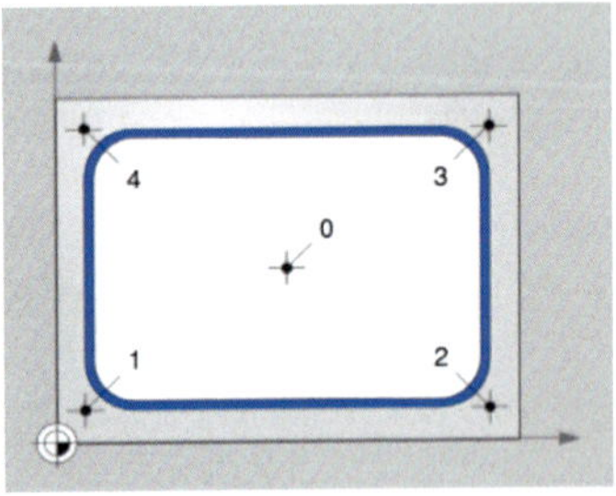 4 3 0 1 2

Parameter	Bedeutung	Erklärung	Hilfsbild
Q207	Vorschub Fräsen	Verfahrgeschwindigkeit des Werkzeugs beim Fräsen in mm/min. Eingabebereich 0 bis 99999,999, alternativ FAUTO, FU, FZ	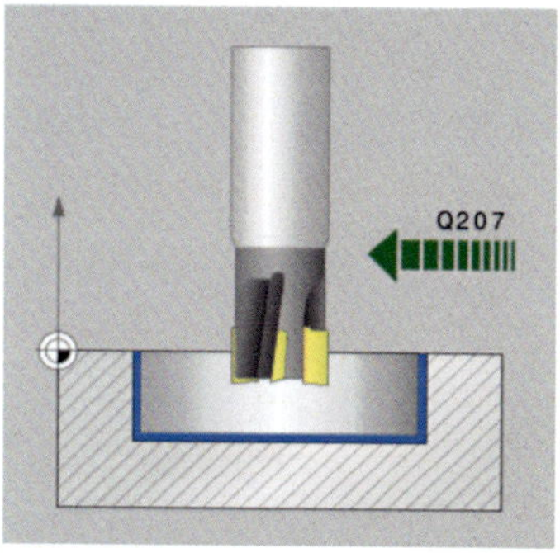
Q351	Fräsart	Art der Fräsbearbeitung. Die Spindeldrehrichtung wird berücksichtigt: +1 = Gleichlauffräsen –1 = Gegenlauffräsen PREDEF: Die Steuerung übernimmt den Wert eines GLOBAL DEF-Satzes (Wenn Sie 0 eingeben, erfolgt die Bearbeitung im Gleichlauf.)	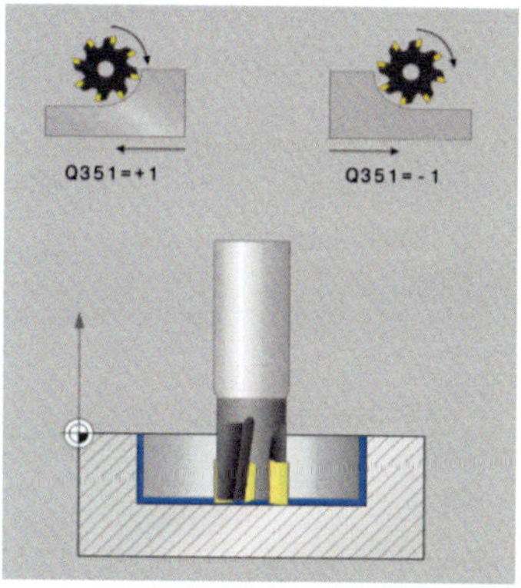
Q201	Tiefe	(inkremental): Abstand Werkstückoberfläche – Taschengrund. Eingabebereich -99999,9999 bis 99999,9999	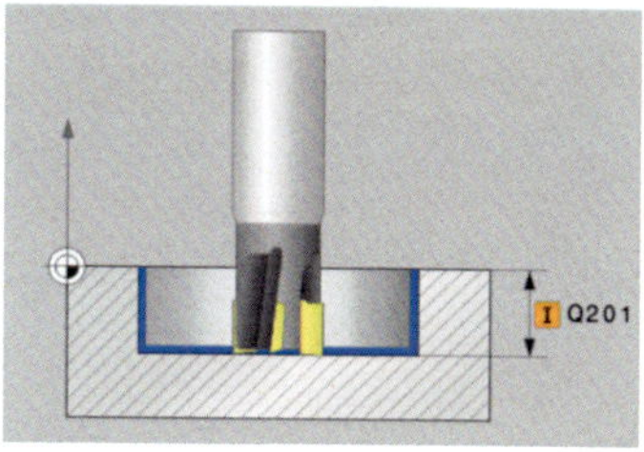

Parameter	Bedeutung	Erklärung	Hilfsbild
Q202	Zustelltiefe	(inkremental): Maß, um welches das Werkzeug jeweils zugestellt wird; Wert größer 0 eingeben. Eingabebereich 0 bis 99999,9999	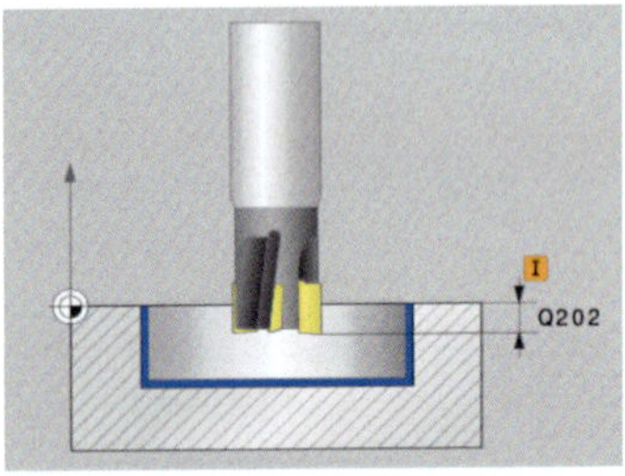 I Q202
Q369	Schlichtaufmaß Tiefe	(inkremental): Schlichtaufmaß für die Tiefe. Eingabebereich 0 bis 99999,9999	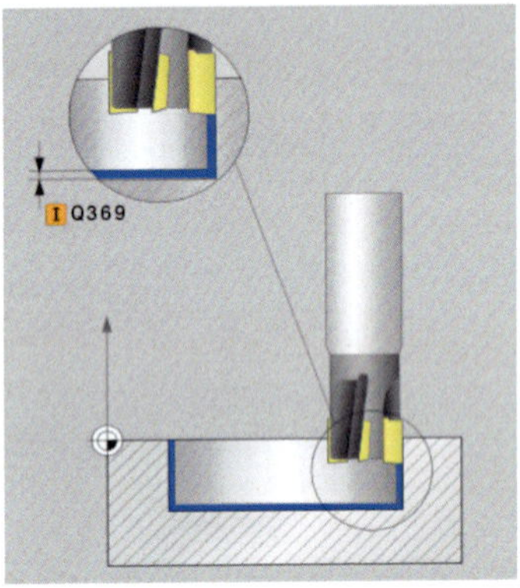 I Q369
Q206	Vorschub Tiefenzustellung	Verfahrgeschwindigkeit des Werkzeugs beim Fahren auf Tiefe in mm/min. Eingabebereich 0 bis 99999,999, alternativ FAUTO, FU, FZ	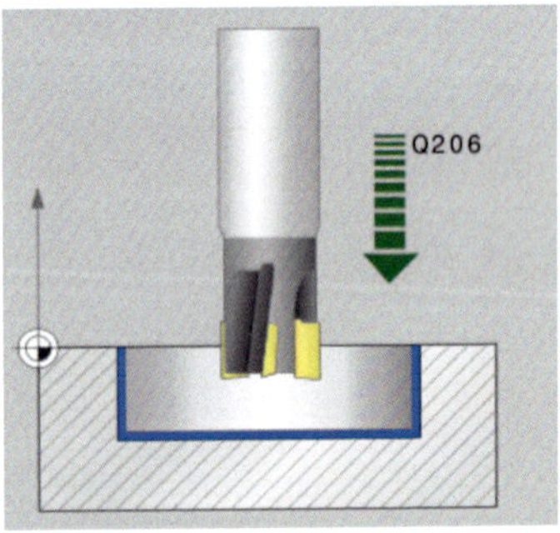 Q206

Parameter	Bedeutung	Erklärung	Hilfsbild
Q338	Zustellung Schlichten	(inkremental): Maß, um welches das Werkzeug in der Spindelachse beim Schlichten zugestellt wird. Q338=0: Schlichten in einer Zustellung. Eingabebereich 0 bis 99999,9999	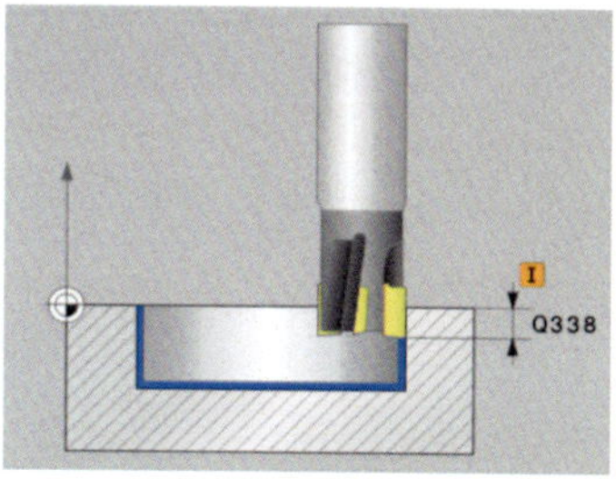 Q338
Q200	Sicherheitsabstand	(inkremental): Abstand zwischen Werkzeugspitze und Werkstückoberfläche. Eingabebereich 0 bis 99999,9999, alternativ PREDEF	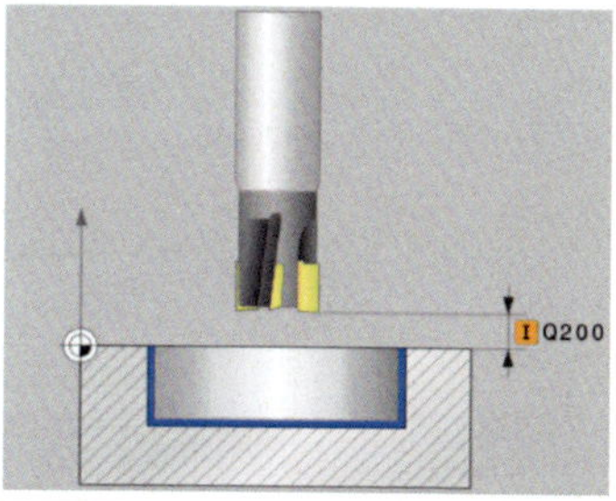 Q200
Q203	Koordinaten Werkstückoberfläche	(absolut): Koordinate der Werkstückoberfläche In Bezug auf den aktiven Bezugspunkt. Eingabebereich -99999,9999 bis 99999,9999	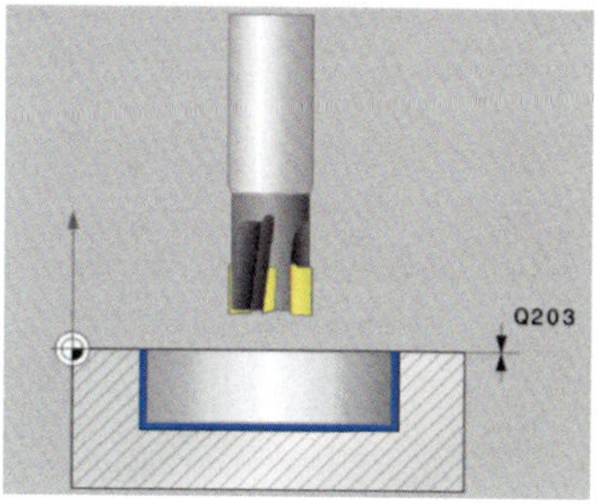 Q203
Q204	2. Sicherheitsabstand	(inkremental): Koordinate Spindelachse, in der keine Kollision zwischen Werkzeug und Werkstück (Spannmittel) erfolgen kann. Eingabebereich 0 bis 99999,9999, alternativ PREDEF	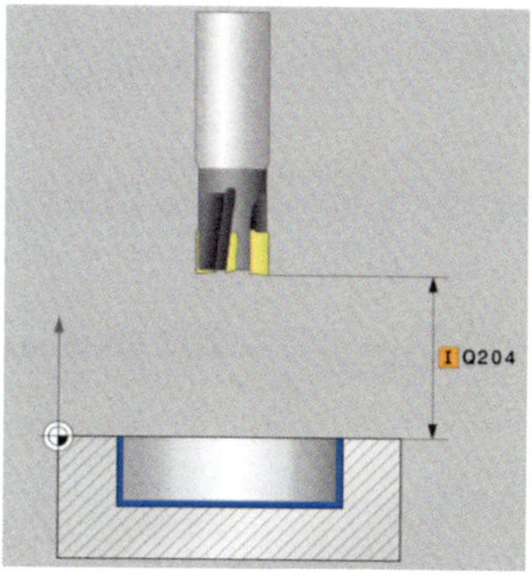 Q204

Parameter	Bedeutung	Erklärung	Hilfsbild
Q370	Bahnüberlappung Faktor	Q370 x Werkzeugradius ergibt die seitliche Zustellung k. Die Überlappung wird als maximale Überlappung angesehen. Um zu vermeiden, dass an den Ecken Restmaterial stehen bleibt, kann eine Reduzierung der Überlappung erfolgen. Eingabebereich 0,1 bis 1,9999, alternativ PREDEF	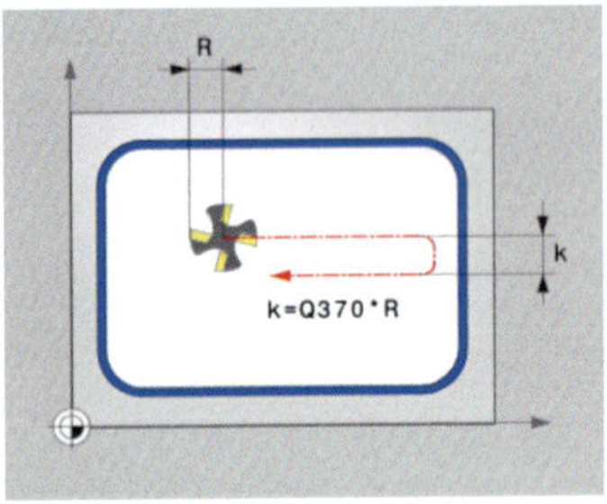
Q366	Eintauchstrategie	Art der Eintauchstrategie: 0: senkrecht eintauchen. Unabhängig vom in der Werkzeugtabelle definierten Eintauchwinkel ANGLE taucht die Steuerung senkrecht ein. 1: helixförmig eintauchen. In der Werkzeugtabelle muss für das aktive Werkzeug der Eintauchwinkel ANGLE ungleich 0 definiert sein. Ansonsten gibt die Steuerung eine Fehlermeldung aus. Definieren Sie ggf. den Wert der Schneidenbreite RCUTS in der Werkzeugtabelle.	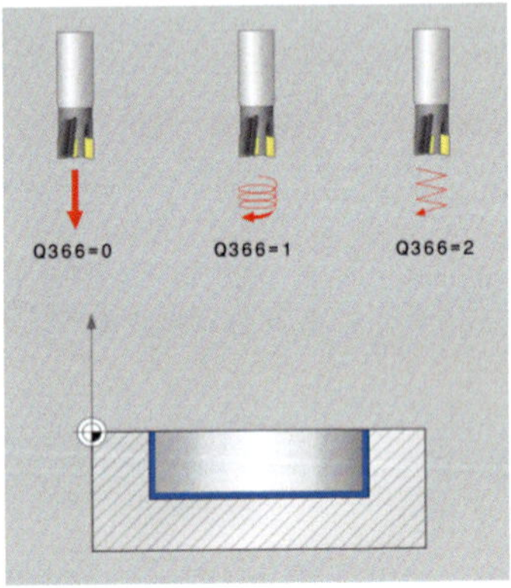

Parameter	Bedeutung	Erklärung	Hilfsbild
		2: pendelnd eintauchen. In der Werkzeugtabelle muss für das aktive Werkzeug der Eintauchwinkel ANGLE ungleich 0 definiert sein. Ansonsten gibt die Steuerung eine Fehlermeldung aus. Die Pendellänge ist abhängig vom Eintauchwinkel, als Minimalwert verwendet die Steuerung den doppelten Werkzeug-durchmesser. Definieren Sie ggf. den Wert der Schneidenbreite RCUTS in der Werkzeugtabelle. PREDEF: Steuerung verwendet Wert aus GLOBAL DEF-Satz	Q366=0 Q366=1 Q366=2
Q385	Vorschub Schlichten)	Verfahrgeschwindigkeit des Werkzeugs beim Seiten- und Tiefenschlichten in mm/min. Eingabebereich 0 bis 99999,999, alternativ FAUTO, FU, FZ	Q385

Parameter	Bedeutung	Erklärung	Hilfsbild
Q439	Bezug Vorschub	Festlegen, worauf sich der programmierte Vorschub bezieht: 0: Vorschub bezieht sich auf die Mittelpunktsbahn des Werkzeugs. 1: Vorschub bezieht sich nur beim Schlichten Seite auf die Werkzeugschneide, ansonsten auf die Mittelpunktsbahn. 2: Vorschub bezieht sich beim Schlichten Seite und Schlichten Tiefe auf die Werkzeugschneide, ansonsten auf die Mittelpunktsbahn. 3: Vorschub bezieht sich immer auf die Werkzeugschneide.	

```
45 CYCL DEF 251 RECHTECKTASCHE
   Q215=+0     ;BEARBEITUNGS-UMFANG
   Q218=+30    ;1. SEITEN-LAENGE
   Q219=+20    ;2. SEITEN-LAENGE
   Q220=+5     ;ECKENRADIUS
   Q368=+0.3   ;AUFMASS SEITE
   Q224=+45    ;DREHLAGE
   Q367=+0     ;TASCHENLAGE
   Q207= FZ+0.1  ;VORSCHUB FRAESEN
   Q351=+1     ;FRAESART
   Q201=-5     ;TIEFE
   Q202=+5     ;ZUSTELL-TIEFE
   Q369=+0.3   ;AUFMASS TIEFE
   Q206= FZ+0.1  ;VORSCHUB TIEFENZ.
   Q338=+2.5   ;ZUST. SCHLICHTEN
   Q200=+2     ;SICHERHEITS-ABST.
   Q203=+0     ;KOOR. OBERFLAECHE
   Q204=+2     ;2. SICHERHEITS-ABST.
   Q370=+1.4   ;BAHN-UEBERLAPPUNG
   Q366=+1     ;EINTAUCHEN
   Q385= AUTO  ;VORSCHUB SCHLICHTEN
   Q439=+0     ;BEZUG VORSCHUB
46 L  X+29  Y+71  R0 FMAX M99
47 L  Z+100  R0 FMAX M30
```

Zum Abschluss unseres kleinen HEIDENHAIN-KLARTEXT-Crashkurses simulieren wir das komplette Werkstück in der Betriebsart Programmtest.

Screenshot: Simulation Übung 4

Nachwort

Herzlichen Glückwunsch, Sie haben den Crashkurs bis zum Schluss durchgearbeitet und somit bereits einen sehr guten Einblick in die HEIDENHAIN-KLARTEXT-Programmierung bekommen.
Wahrscheinlich haben Sie auch bereits ein gewisses Gefühl für die Steuerung bekommen und trauen sich zu, Ihre Programmierkenntnisse zu vertiefen. Sehr gut! Haben Sie den Mut und probieren Sie einfach weitere Zyklen, die nicht Bestandteil dieses Buches waren, aus. Die Simulation zeigt Ihnen, ob Sie richtig, oder falsch programmiert haben.
Natürlich haben wir nur einen Bruchteil der Möglichkeiten der HEIDENHAIN-TNC-Steuerungen besprochen und sie haben auch nur ganz wenige Zyklen kennengelernt. Dieser Lehrgang ist ein einfacher Einstieg, aber noch keine vollständige Basisschulung. Alles was Sie benötigen, um in der Programmierung und Handhabung der Steuerung weiterzukommen, finden Sie unter www.klartext-portal.de, beim Autor dieses Buches, unter www.consultnc.de oder www.online-heidenhain-kurse.de.

Ich wünsche Ihnen viel Erfolg!

Volker Knipping